力学基础实验

主　编　张大志

副主编　李　健　刘　军　王心弘　徐香新　郁世刚

东北大学出版社

·沈　阳·

图书在版编目（CIP）数据

力学基础实验 / 张大志主编. — 沈阳 : 东北大学出版社，2018. 1（2025. 9 重印）
ISBN 978-7-5517-1815-8

Ⅰ. ①力…　Ⅱ. ①张…　Ⅲ. ①力学－实验　Ⅳ. ①O3－33

中国版本图书馆 CIP 数据核字(2018)第 029493 号

出 版 者：东北大学出版社
地址：沈阳市和平区文化路三号巷 11 号
邮编：110819
电话：024－83683655(总编室)　83687331(营销部)
传真：024－83687332(总编室)　83680180(营销部)
网址：http://www.neupress.com
E-mail：neuph@neupress.com
印 刷 者：沈阳市第二市政建设工程公司印刷厂
发 行 者：东北大学出版社
幅面尺寸：185mm×260mm
印　　张：7.25
字　　数：150 千字
出版时间：2018 年 1 月第 1 版
印刷时间：2025 年 9 月第 8 次印刷
责任编辑：刘新宇
责任校对：严　冰
封面设计：潘正一
责任出版：魏　巍

ISBN 978-7-5517-1815-8　　定　价：23.50 元

前　言

力学是研究物质机械运动规律的科学，力学实验是力学课程必不可少的组成部分，是重要的实践性教学环节。学生通过实验证明和推导理论公式，用理论知识解释、分析实验结果，以达到巩固理论知识和学会实验方法的目的。

本书是根据《高等学校理工科非力学专业力学基础课程教学基本要求》中关于实验教学的有关要求，结合《理论力学》和《材料力学》实验教学大纲内容，运用现有的仪器设备，总结多年来实验课程教学和改革经验编写而成。本书的编写旨在让学生掌握力学实验的基本知识、技能和方法，分析、解决工程实际问题的能力，增强学生开拓创新的意识。

本书主要包括以下内容：机械振动基础，材料力学实验扩展部分的理论知识，振动实验项目5项，材料力学实验项目15项。完成全部教学内容大约需要26学时。为了使学生养成良好的实验操作习惯，便于实验数据整理和分析，书后附有各实验项目的实验报告书。

本书由东北大学理学院力学实验中心组织编写。在编写本书的过程中，得到了东北大学力学系、力学实验中心的领导和老师们的大力支持。本书的绪论部分由李健、刘军编写，振动实验部分由张大志编写，材料力学实验部分由王心弘、郁世刚、徐香新编写。全书由张大志统稿。

由于编者的水平有限，书中难免有不妥之处，恳请各位老师、同行以及同学们批评指正，并多提宝贵建议，以便我们进一步完善和修订。

编　者

2017年10月

目　录

第1章　绪　论 …… 1
§1-1　机械振动基础 …… 1
§1-2　材料力学基本理论 …… 11
第2章　振动实验 …… 19
§2-1　简谐振动的基本参数测量及振动传感器的标定 …… 19
§2-2　单自由度系统固有频率及阻尼系数的测定 …… 22
§2-3　简支梁振动特性的研究 …… 25
§2-4　单圆盘转子临界转速的测量实验 …… 27
§2-5　振型研究实验 …… 29
第3章　材料力学实验 …… 32
§3-1　拉伸实验 …… 32
§3-2　压缩实验 …… 35
§3-3　扭转实验 …… 37
§3-4　电阻应变测量基本原理 …… 40
§3-5　弹性模量 E 及泊松比 μ 的测定 …… 42
§3-6　梁弯曲正应力测定 …… 44
§3-7　复合梁实验 …… 46
§3-8　薄壁圆筒在弯扭组合变形下的应力测定 …… 49
§3-9　薄壁开口截面的弯曲中心测定 …… 51
§3-10　功的互等定理实验 …… 53
§3-11　压杆稳定实验 …… 54
§3-12　刚架组合设计与应力分析实验 …… 57
§3-13　等强度梁冲击动应力及动荷系数测试实验 …… 59
§3-14　复合材料力学性能分析实验 …… 60
§3-15　冲击实验 …… 62
参考文献 …… 65
附录　力学实验报告 …… 67

第 1 章　绪　论

§ 1－1　机械振动基础

机械振动在日常生活和工程中普遍存在，如发动机的振动、地震等，其主要特点是物体围绕其平衡位置做往复运动。掌握机械振动的基本规律，可以更好地趋利避害。机械系统的振动可以简化为单自由度系统、多自由度系统以至连续体等振动模型，本章通过单自由度系统的振动来了解机械振动最基本的规律。

一、单自由度系统的自由振动

1. 自由振动微分方程

工程中许多振动系统可简化为一个弹簧质量系统（如图 1－1－1），设弹簧原长为 l_0，刚度系数为 k。在重力 $P = mg$ 的作用下弹簧的变形为 δ_{st}，称为静变形，这一位置为平衡位置。平衡时重力 P 和弹性力 F 大小相等，即 $P = k\delta_{st}$。

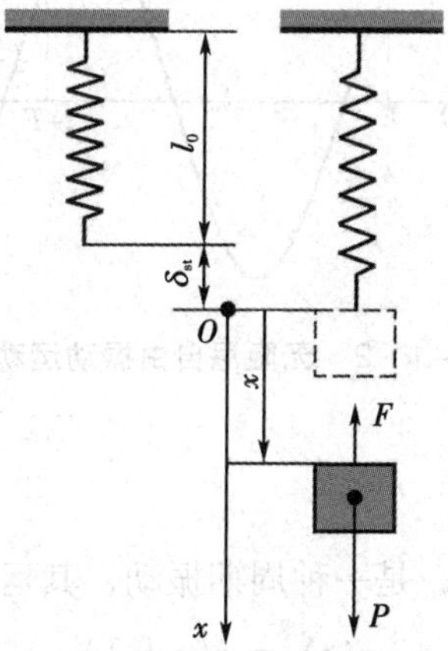

图 1－1－1　弹簧质量系统

取重物的平衡位置点 O 为坐标原点，取 x 轴的正向铅直向下，则重物在任意位置 x 处弹簧力 F 在 x 轴上的投影为

$$F_x = -k\delta = -k(\delta_{st} + x)$$

其运动微分方程为

$$m\frac{d^2x}{dt^2} = P - k(\delta_{st} + x)$$

考虑 $P = k\delta_{st}$，则上式变为

$$m\frac{d^2x}{dt^2} = -kx \tag{1-1-1}$$

式(1－1－1)表明，物体偏离平衡位置于坐标 x 处，将受到与偏离距离成正比而与偏离方向相反的合力，称此力为恢复力。只在恢复力作用下维持的振动称为无阻尼自由振动。将式(1－1－1)两端除以质量 m，并设

$$\omega_0^2 = \frac{k}{m} \tag{1-1-2}$$

移项后得

$$\frac{d^2x}{dt^2} + \omega_0^2 x = 0 \tag{1-1-3}$$

式(1－1－3)为无阻尼自由振动微分方程的标准形式，它是一个二阶齐次线性常系数微分方程。其解可写为

$$x = C_1\cos\omega_0 t + C_2\sin\omega_0 t \tag{1-1-4}$$

其中 C_1 和 C_2 是积分常数，由运动的起始条件确定。式(1－1－4)可改写为

$$x = A\sin(\omega_0 t + \theta) \tag{1-1-5}$$

式(1－1－5)表示无阻尼自由振动是简谐振动，其运动图线如图 1－1－2 所示。

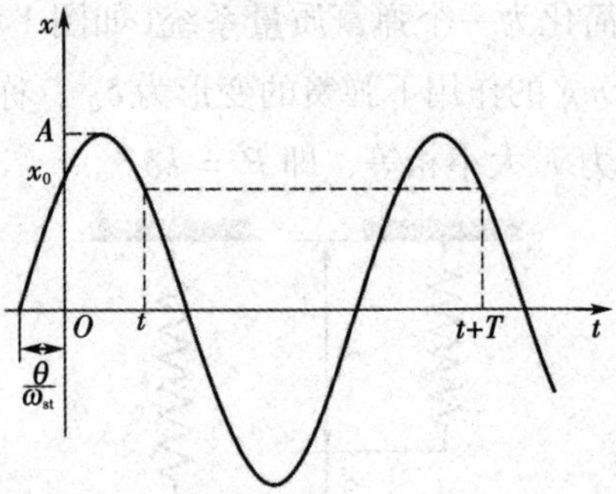

图 1－1－2　无阻尼自由振动运动图线

2. 无阻尼自由振动的特点

(1)固有频率

无阻尼自由振动是简谐振动，是一种周期振动，其运动规律 $x(t)$ 可以写为

$$x(t) = x(t+T)$$

其中 T 为常数，称为周期，单位符号为 s，其角度周期为 2π，由此得自由振动周期为

$$T = \frac{2\pi}{\omega_0} \tag{1-1-6}$$

从上式得

$$\omega_0 = 2\pi\frac{1}{T} = 2\pi f \tag{1-1-7}$$

其中 $f = \frac{1}{T}$ 称为振动的频率，表示每秒钟的振动次数，其单位符号为 1/s 或 Hz(赫兹)。ω_0

$=2\pi f$，表示 2π 秒内的振动次数，单位符号为 rad/s(弧度/秒)。由式(1-1-2)知 ω_0 只与表征系统本身特性的质量 m 和刚度 k 有关，而与运动的初始条件无关，它是振动系统固有的特性，所以称 ω_0 为固有角(圆)频率(一般也称为固有频率)。固有频率是振动理论中的重要概念，它反映了振动系统的动力学特性，计算系统的固有频率是研究系统振动问题的重要课题之一。

将 $m = P/g$ 和 $k = P/\delta_{st}$ 代入式(1-1-2)，得

$$\omega_0 = \sqrt{\frac{g}{\delta_{st}}} \tag{1-1-8}$$

上式表明：对上述振动系统，只要知道重力作用下的静变形，就可求得系统的固有频率。然后将初始条件代入位移和速度表达式并联立求解可得振幅 A 和初相角 θ 的表达式。

(2)振幅与初相角

在谐振动表达式(1-1-5)中，A 表示相对于振动中心点 O 的最大位移，称为振幅。$(\omega_0 t + \theta)$ 称为相位(或相位角)，相位决定了质点在某瞬时 t 的位置，它具有角度的量纲，而 θ 称为初相角，它决定了质点运动的起始位置。自由振动中的振幅 A 和初相角 θ 是两个待定常数，它们由运动的初始条件确定。设在起始 $t=0$ 时，物块的坐标 $x = x_0$，速度 $v = v_0$，为求 A 和 θ，现将式(1-1-5)两端对时间 t 求一阶导数，得物块的速度，然后将初始条件代入位移和速度表达式，联立求解即可得振幅 A 和初相角 θ 的表达式为

$$A = \sqrt{x_0^2 + \frac{v_0^2}{\omega_0^2}}, \tan\theta = \frac{\omega_0 x_0}{v_0} \tag{1-1-9}$$

从上式可以看到，自由振动的振幅和初相角都与初始条件有关。

3. 其他类型的单自由度振动系统

除弹簧与质量组成的振动系统外，工程中还有很多振动系统，如扭振系统、多体系统等，这些系统形式上虽然不同，但它们的运动微分方程却具有相同的形式。

图1-1-3为一扭振系统，其中圆盘对于中心轴的转动惯量为 J_O，刚性固结在扭杆的一端。扭杆另一端固定，圆盘相对于固定端的扭转角度用 φ 表示，扭杆的扭转刚度系数为 k_t，它表示使圆盘产生单位扭角所需的力矩。根据刚体转动微分方程可建立圆盘转动的运动微分方程为

$$J_O \frac{d^2\varphi}{dt^2} = -k_t\varphi$$

令 $\omega_0^2 = \frac{k_t}{J_O}$，则上式可变为

$$\frac{d^2\varphi}{dt^2} + \omega_0^2\varphi = 0$$

此式与(1-1-3)具有相同形式。

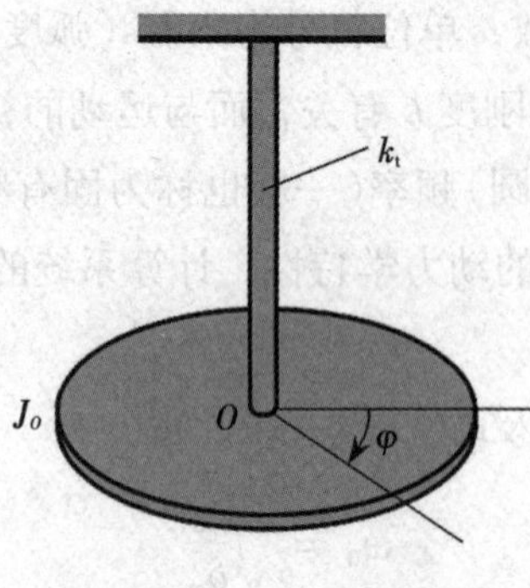

图1-1-3　扭振系统

二、单自由度系统的有阻尼自由振动

1. 阻尼

上节所研究的振动因不受阻力作用，振幅将不随时间改变，振动过程将无限地进行下去。但实际中的自由振动由于阻力的存在而不断消耗振动能量，使振幅不断减小。振动过程中的阻力习惯上称为阻尼。常见阻尼有介质阻尼、内阻尼和干摩擦阻尼等。当振动速度不大时，由于介质黏性引起的阻力近似地与速度的一次方成正比，这样的阻尼称为黏性阻尼。设振动质点的运动速度为 v，则黏性阻尼的阻力 F_d 可以表示为

$$F_d = -cv \tag{1-1-10}$$

其中比例常数 c 称为黏性阻力系数(简称为阻力系数)，负号表示阻力与速度的方向相反。当振动系统中存在黏性阻尼时，经常用如图 1-1-4a 所示的阻尼元件 c 表示。一般的机械振动系统都可以简化为由惯性元件(m)、弹性元件(k)和阻尼元件(c)组成的系统。

2. 振动微分方程

建立图1-1-4 所示系统的自由振动微分方程。以平衡位置为坐标原点，物块的运动微分方程为

$$m\frac{\mathrm{d}^2x}{\mathrm{d}t^2} = -kx - c\frac{\mathrm{d}x}{\mathrm{d}t}$$

将上式两端除以 m，并令

$$\omega_0^2 = \frac{k}{m},\ \delta = \frac{c}{2m}$$

ω_0 为固有角(圆)频率，称 δ 为阻尼系数，前式可整理得

$$\frac{\mathrm{d}^2x}{\mathrm{d}t^2} + 2\delta\frac{\mathrm{d}x}{\mathrm{d}t} + \omega_0^2x = 0 \tag{1-1-11}$$

上式是有阻尼自由振动微分方程的标准形式，它仍是一个二阶齐次常系数线性微分方程，其通解为

$$x = C_1\mathrm{e}^{r_1t} + C_2\mathrm{e}^{r_2t} \tag{1-1-12}$$

其中

$$r_1 = -\delta + \sqrt{\delta^2 - \omega_0^2},\ r_2 = -\delta - \sqrt{\delta^2 - \omega_0^2}$$

上述解中，本征根为实数或复数时，运动规律有很大的不同，因此下面按 $\delta < \omega_0$，$\delta > \omega_0$ 和 $\delta = \omega_0$ 三种不同状态分别进行讨论。

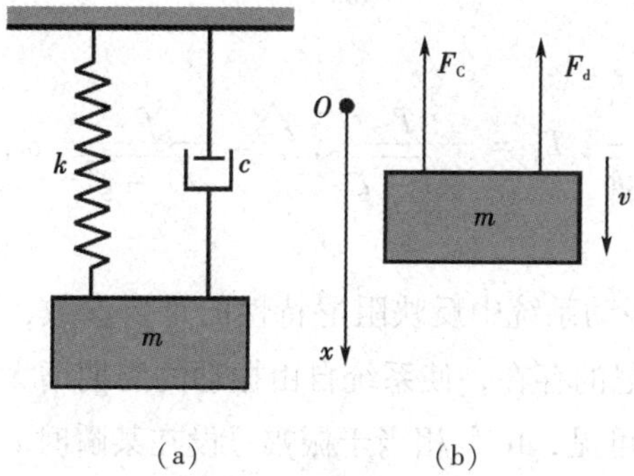

图 1－1－4　单自由度系统的有阻尼自由振动

3. 欠阻尼状态

当 $\delta < \omega_0$ 时，阻力系数 $c < 2\sqrt{mk}$，这时阻尼较小，称为欠阻尼状态。这时本征方程的两个根为共轭复数，微分方程的解可以根据欧拉公式写成

$$x = Ae^{-\delta t}\sin(\omega_d t + \theta) \tag{1-1-13}$$

其中 A 和 θ 为两个积分常数，由运动的初始条件确定；$\omega_d = \sqrt{\omega_0^2 - \delta^2}$，表示有阻尼自由振动的固有角(圆)频率。设在初瞬时 $t = 0$，质点的坐标为 $x = x_0$，速度 $v = v_0$，可求得有阻尼自由振动中的初始幅值和初相角：

$$A = \sqrt{x_0^2 + \frac{(v_0 + \delta x_0)^2}{\omega_0^2 - \delta^2}} \tag{1-1-14}$$

$$\tan\theta = \frac{x_0\sqrt{\omega_0^2 - \delta^2}}{v_0 + \delta x_0} \tag{1-1-15}$$

式(1－1－13)是欠阻尼状态下的自由振动表达式，这种振动的振幅是随时间不断衰减的，所以又称为衰减振动(如图 1－1－5)。这种振动不符合周期振动的定义，所以不是周期振动。但这种振动仍然是围绕平衡位置的往复运动，仍具有振动的特点。

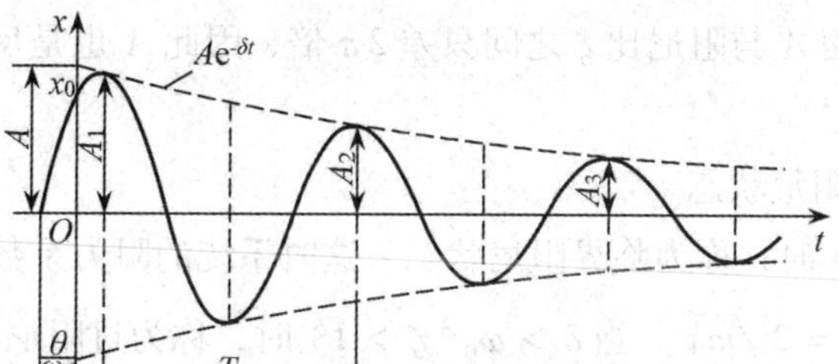

图 1－1－5　衰减振动曲线

将质点从一个最大偏离位置到下一个最大偏离位置所需的时间称为衰减振动的周期，记为 T_d，可知

$$T_{\mathrm{d}} = \frac{2\pi}{\omega_0\sqrt{1 - \left(\frac{\delta}{\omega_0}\right)^2}} = = \frac{2\pi}{\omega_0\sqrt{1 - \zeta^2}} \tag{1-1-16}$$

其中

$$\zeta = \frac{\delta}{\omega_0} = \frac{c}{2\sqrt{mk}}, T_{\mathrm{d}} = \frac{T}{\sqrt{1 - \zeta^2}}, f_{\mathrm{d}} = \frac{f}{\sqrt{1 - \zeta^2}}, \omega_{\mathrm{d}} = \omega_0\sqrt{1 - \zeta^2} \tag{1-1-17}$$

ζ 称为阻尼比。阻尼比是振动系统中反映阻尼特性的重要参数，在欠阻尼状态下，$\zeta < 1$ 。由上式可以看到，由于阻尼的存在，使系统自由振动的周期增大，频率减小。由衰减振动的运动规律式(1－1－13)可见，$Ae^{-\delta t}$ 相当于振幅。设在某瞬时 t_i ，振动达到的最大偏离值为 A_i ，有

$$A_i = Ae^{-\delta t_i}$$

经过一个周期 T_d 后，系统到达另一个比前者略小的最大偏离值 A_{i+1} ，有

$$A_{i+1} = Ae^{-\delta(t_i + T_{\mathrm{d}})}$$

这两个相邻振幅之比为

$$\eta = \frac{A_i}{A_{i+1}} = \frac{Ae^{-\delta t_i}}{Ae^{-\delta(t_i + T_{\mathrm{d}})}} = e^{\delta T_{\mathrm{d}}} \tag{1-1-18}$$

η 称为减缩因数。从上式可以看到，任意两个相邻振幅之比为一常数，所以衰减振动的振幅呈几何级数减小。上述分析表明，在欠阻尼状态下，阻尼对自由振动的频率影响较小；但阻尼对自由振动的振幅影响较大，使振幅呈几何级数下降。对式(1－1－18)的两端取自然对数得

$$\Lambda = \ln\frac{A_i}{A_{i+1}} = \delta T_{\mathrm{d}} \tag{1-1-19}$$

Λ 称为对数减缩。整理上面两式可以建立对数减缩与阻尼比的关系为

$$\Lambda = \frac{2\pi\zeta}{\sqrt{1 - \zeta^2}} \approx 2\pi\zeta \tag{1-1-20}$$

上式表明对数减缩 Λ 与阻尼比 ζ 之间只差 2π 倍，因此 Λ 也是反映阻尼特性的一个参数。

4. 临界阻尼和过阻尼状态

当 $\delta = \omega_0$ $(\zeta = 1)$ 时，称为临界阻尼状态。这时系统的阻力系数用 c_{cr} 表示，c_{cr} 称为临界阻力系数，且有 $c_{\mathrm{cr}} = 2\sqrt{mk}$ 。当 $\delta > \omega_0$ $(\zeta > 1)$ 时，称为过阻尼状态，此时阻力系数 $c > c_{\mathrm{cr}}$ 。无论临界阻尼状态还是过阻尼状态，系统均为非周期的蠕动，不再具有振动性质。

三、单自由度系统的有阻尼受迫振动

工程中的自由振动，都会由于阻尼的存在而逐渐衰减，最后完全停止。但实际上又存在有大量的持续振动，这是由于外界有能量输入以补充阻尼的消耗，一般都承受外加的激振力。在外加激振力作用下的振动称为受迫振动。简谐激振力是一种典型的周期变化的激

振力，简谐力 F 随时间变化的关系可以写成

$$F = H\sin(\omega t + \varphi) \tag{1-1-21}$$

其中 H 称为激振力的力幅，即激振力的最大值；ω 是激振力的角频率；φ 是激振力的初相角，它们都是定值。

图 1-1-6 所示的有阻尼振动系统，设物块的质量为 m，作用在物块上的力有线性恢复力 F_e、黏性阻尼力 F_d 和简谐激振力 F。若选平衡位置 O 为坐标原点，坐标轴铅直向下，则各力在坐标轴上的投影为

$$F_e = -kx,\ F_d = -cv = -c\frac{dx}{dt},\ F = H\sin\omega t$$

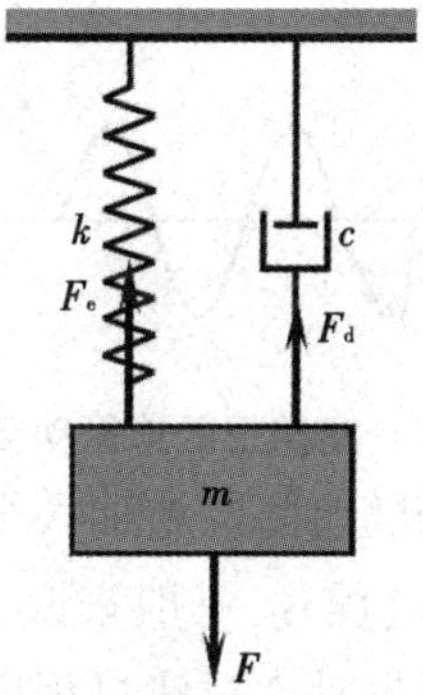

图 1-1-6　有阻尼振动系统

可建立质点运动微分方程

$$m\frac{d^2x}{dt^2} = -kx - c\frac{dx}{dt} + H\sin\omega t$$

将上式两端除以 m，并令

$$\omega_0^2 = \frac{k}{m},\ 2\delta = \frac{c}{m},\ h = \frac{H}{m}$$

整理得

$$\frac{d^2x}{dt^2} + 2\delta\frac{dx}{dt} + \omega_0^2 x = h\sin\omega t \tag{1-1-22}$$

这是有阻尼受迫振动微分方程的标准形式，是二阶线性常系数非齐次微分方程，其解由齐次方程的通解和特解（如式(1-1-23)）组成。

$$x_2 = b\sin(\omega t - \varepsilon) \tag{1-1-23}$$

其中 ε 表示受迫振动的相位角落后于激振力的相位角。将上式代入振动方程可得

$$-b\omega^2\sin(\omega t - \varepsilon) + 2\delta b\cos(\omega t - \varepsilon) + \omega_0^2 b\sin(\omega t - \varepsilon) = h\sin\omega t$$

整理后有

$$[b(\omega_0^2 - \omega^2) - h\cos\varepsilon]\sin(\omega t - \varepsilon) + (2\delta b\omega - h\sin\varepsilon)\cos(\omega t - \varepsilon) = 0$$

对任意瞬时 t，上式都必须是恒等式，则有

$$b(\omega_0^2 - \omega^2) - h\cos\varepsilon = 0$$

$$2\delta b\omega - h\sin\varepsilon = 0$$

将上述两方程联立，可解出

$$b = \frac{h}{\sqrt{(\omega_0^2 - \omega^2)^2 + 4\delta^2\omega^2}} \tag{1-1-24}$$

$$\tan\varepsilon = \frac{2\delta\omega}{\omega_0^2 - \omega^2} \tag{1-1-25}$$

于是得振动方程的全解为

$$x = Ae^{-\delta t}\sin(\sqrt{\omega_0^2 - \omega^2}t + \theta) + b\sin(\omega t - \varepsilon) \tag{1-1-26}$$

其中 A 和 θ 为积分常数，由运动的初始条件确定。通过上面的分析可以知道，有阻尼受迫振动由衰减振动和受迫振动两部分合成，其示意图可见图 1－1－7 所示。

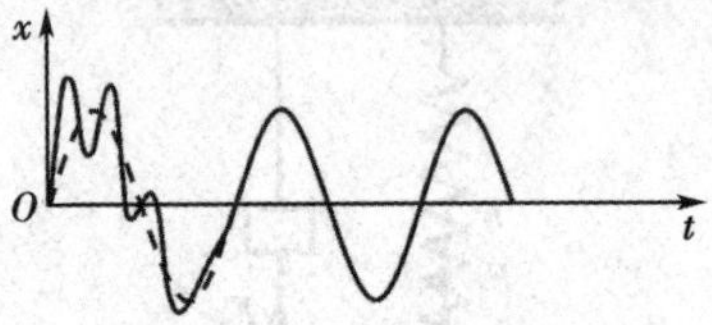

图 1－1－7　有阻尼受迫振动合成示意图

由于阻尼的存在，第一部分振动随时间的增加，很快地衰减了，衰减振动有显著影响的这段过程称为过渡过程(或称瞬态过程)。一般来说，过渡过程是很短暂的，以后系统基本上按第二部分受迫振动的规律进行振动，过渡过程以后的这段过程称为稳态过程。下面着重研究稳态过程的振动。

由受迫振动的运动方程可知，虽然有阻尼存在，受简谐激振力作用的受迫振动仍然是谐振动，其振动频率 ω 等于激振力的频率，其振幅表达式见式(1－1－24)。可以看到受迫振动的振幅不仅与激振力的力幅有关，还与激振力的频率以及振动系统的参数 m，k 和阻力系数 c 有关。为了清楚地表达受迫振动的振幅与其他因素的关系，将不同阻尼条件下的振幅频率关系用曲线表示出来，如图 1－1－8 所示。横轴表示频率比 $s = \frac{\omega}{\omega_0}$，纵轴表示振幅比 $\beta = \frac{b}{b_0}$。

从图中可以看出：

(1) $\omega \ll \omega_0$ 时，阻尼对振幅的影响甚微，这时可忽略系统的阻尼而当作无阻尼受迫振动处理。

(2) 当 $\omega \to \omega_0$ (即 $s \to 1$)时，振幅显著地增大。这时阻尼对振幅有明显的影响，即阻尼增大，振幅显著地下降。

当 $\omega = \sqrt{\omega_0^2 - 2\delta^2} = \omega_0\sqrt{1 - 2\zeta^2}$ 时，振幅 b 具有最大值 b_{max}，这时的频率 ω 称为共振频率。在共振频率下的振幅为

$$b_{max} = \frac{b_0}{2\delta\sqrt{1 - \zeta^2}}$$

在一般情况下，阻尼比 $\zeta \ll 1$，这时可以认为共振频率 $\omega = \omega_0$，即当激振力频率等于系统固有频率时，系统发生共振。共振的振幅为

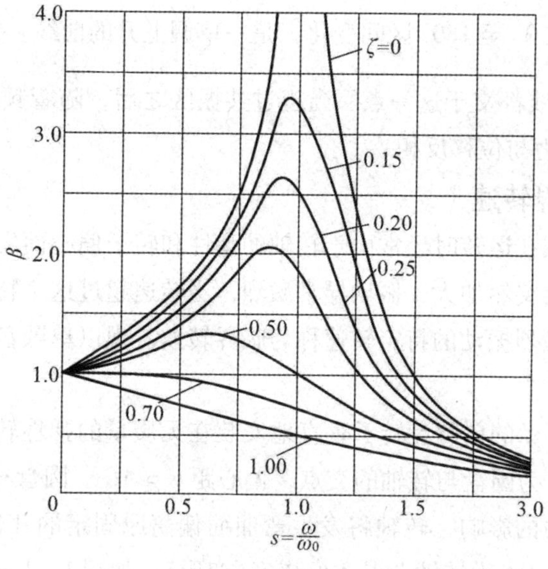

图 1－1－8　幅频曲线

$$b_{\max} \approx \frac{b_0}{2\zeta}$$

(3)当 $\omega >> \omega_0$ 时，阻尼对受迫振动的振幅影响也较小，这时又可以忽略阻尼，将系统当作无阻尼系统处理。

由式(1－1－26)知，有阻尼受迫振动的相位角总比激振力落后一个相位角 ε，ε 称为相位差。式(1－1－25)表达了相位差 ε 随谐振力频率的变化关系。根据式(1－1－25)可以画出相位差 ε 随激振力频率的变化曲线(相频曲线)，如图 1－1－9 所示。由图中曲线可

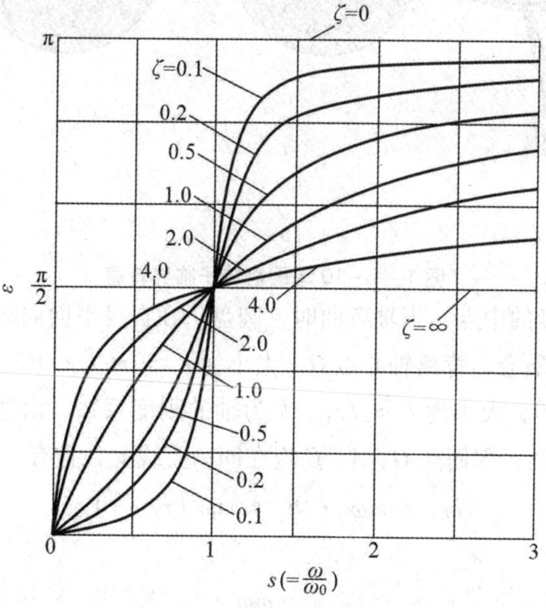

图 1－1－9　相频曲线

以看到：相位差总是在0°至180°区间变化，是一单调上升的曲线。共振时，$\frac{\omega}{\omega_0}=1$，$\varepsilon=90^\circ$，阻尼值不同的曲线都交于这一点。当越过共振区之后，随着频率 ω 的增加，相位差趋近180°，这时激振力与位移反相。

四、转子的临界转速

工程中的回转机械在运转时经常由于转轴的弹性和转子偏心而发生振动。当转速增至某个特定值时，振幅会突然加大，振动异常激烈，当转速超过这个特定值时，振幅又会很快减小。使转子发生激烈振动的特定转速称为临界转速。现以单圆盘转子为例，说明这种现象。

图1－1－10(a)所示的单圆盘转子垂直地安装在无质量的弹性转轴上。设圆盘的质量为 m，质心为 C，点 A 为圆盘与转轴的交点，偏心距 $e=AC$。圆盘与转轴一起以匀角速度 ω 转动时，由于惯性力的影响，转轴将发生弯曲而偏离原固定的几何轴线 z。设点 O 为 z 轴与圆盘的交点，$r_A=OA$ 为转轴上点 A 的挠度(变形)，如图1－1－10(b)的俯视图所示。

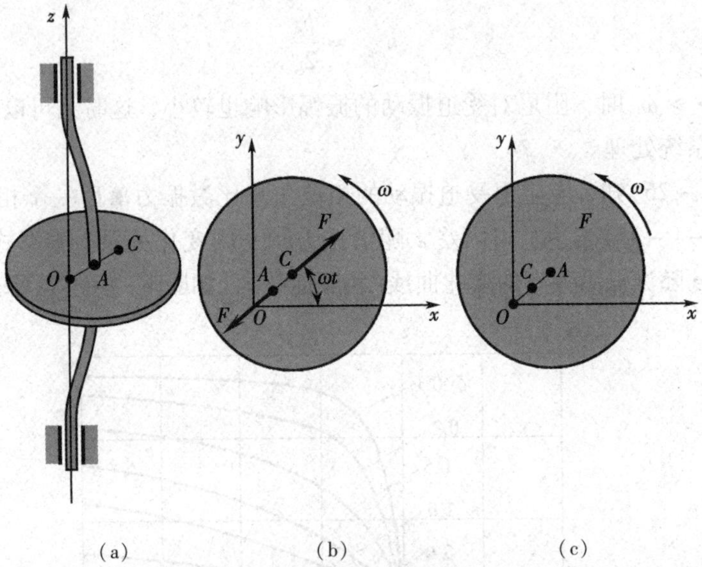

图1－1－10 单圆盘转子临界转速

设转轴安装于圆盘的中点，当轴弯曲时，圆盘仍在自身平面内绕点 O 匀速转动。圆盘惯性力的合力 F_I 通过质心，背离轴心点 O，大小为 $F_\mathrm{I}=m\omega^2\cdot OC$。作用于圆盘上的弹性恢复力 F 指向轴心点 O，大小为 $F=kr_A$，k 为轴的刚度系数。由达朗贝尔原理，惯性力 F_I 与恢复力 F 相互平衡，因而点 O，A，C 应在同一直线上，且有

$$kr_A=m\omega^2\cdot OC=m\omega^2(r_A+e) \tag{1－1－27}$$

由此解出 A 点挠度

$$r_A=\frac{m\omega^2 e}{k-m\omega^2} \tag{1－1－28}$$

以 m 除式(1－1－28)的分子与分母，并注意 $\sqrt{\frac{k}{m}}=\omega_0$ 为此系统的固有频率，则式(1－1－28)为

$$r_A=\frac{\omega^2 e}{\omega_0^2-\omega^2} \tag{1-1-29}$$

式(1－1－29)中的 ω_0 、e 为定值，当转动角速度 ω 从 0 逐渐增大时，挠度 r_A 也逐渐增大，当 $\omega=\omega_0$ 时，r_A 趋于无穷大。实际上由于阻尼和非线性刚度的影响，r_A 为一很大的有限值。使转轴挠度异常增大的转动角速度称为临界角速度，记为 ω_{cr} 它等于系统的固有频率 ω_0 ；此时的转速称为临界转速，记为 n_{cr} 。

当 $\omega>\omega_{cr}$ 时，式(1－1－29)为负值，习惯上挠度取正值，r_A 取其绝对值；ω 再增大时，挠度值 r_A 迅速减小而趋于定值 e(偏心距)。此时质心位于点 A 与点 O 之间，如图 1－1－10(c)所示。当 $\omega>>\omega_{cr}$ 时 $r_A\approx e$ ，这时质心 C 与轴心点 O 趋于重合，即圆盘绕质心 C 转动，这种现象称为自动定心现象。

偏心转子转动时，由于惯性力作用，弹性转轴将发生弯曲而绕原几何轴线转动，称“弓状回转”。此时转轴对轴承压力的方向是周期性变化的，这个力作用在机器上，将使机器发生振动。当转子的角速度接近临界角速度，也就是接近系统的固有频率时，转轴的变形和惯性力都急剧增大，对轴承作用很大的动压力，机器将发生剧烈的振动。所以，在一般情况下，转子不允许在临界转速下运转，只能在远低于或远高于临界转速下运行。

§1－2　材料力学基本理论

本册教材共包含材料力学实验 15 个，其中“复合材料力学性能分析实验”、“冲击试验”和“薄壁开口截面的弯曲中心测定”实验需要一定的理论基础，本章节内容主要为这几部分的实验提供理论支持。

一、冲击韧性

冲击强度用于评价材料的抗冲击能力或判断材料的脆性和韧性程度，因此冲击强度也称冲击韧性。工程上对各种材料抗冲击能力的衡量，是以冲断具有切槽的标准试件所需要的能量多少为标志的。材料抵抗冲击的能力须通过冲击试验来测定，我国金属材料冲击试验方法标准为 GB/T229—2007《金属材料　夏比摆锤冲击试验方法》。为了便于比较，实验采用标准试件，我国通用的标准试件为两端铰支的弯曲试样。试样的中央开着半圆型切槽，称为 U 形槽试样，如图 1－2－1(a)所示，为了避免材料不均匀和切槽不准确的影响，试验时每组试件不应少于 4 根。试件上开切槽是为了使切槽区域高度应力集中，这样，切槽附近区域内便集中较多的能量，切槽地步越尖锐就越能体现上述要求，所以有时也采用 V 形切槽试样，如图 1－2－1(b)所示。

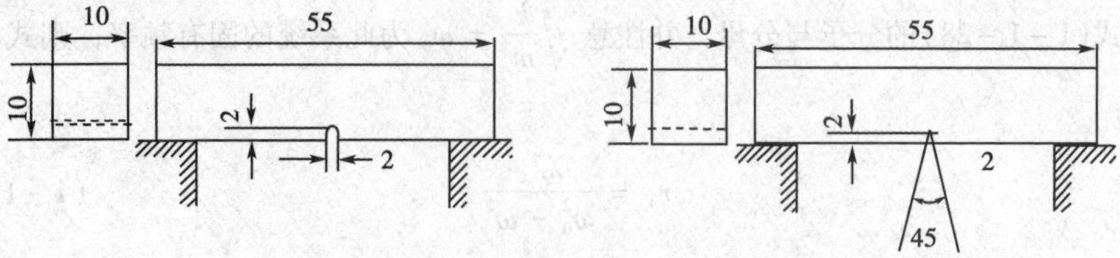

(a) U形槽试样　　(b) V形槽试样

图1-2-1　冲击标准试样

图1-2-2　冲击试验机

实验中，将带有切槽的弯曲试样放在试验机的支架上，并使切槽位于受拉的一侧，如图所示1-2-2所示当重物从一定高度自由落下将试件冲断时，试件所吸收的能量等于重摆所做的功 W。以 W 除以试件在切槽处的最小横截面积 A，可得材料的冲击韧性 α_k，冲击韧性可表示为

$$\alpha_k = \frac{W}{A} \tag{1-2-1}$$

α_k 的数值与试样的尺寸、形状、支撑条件等因素有关，所以它是衡量材料抗冲击能力的一个相对指标，因此，试验中应采用满足国家标准的是标准试件。

试验结果表明，α_k 的数值随温度降低而减少，随着温度降低，在某一狭窄的温度区间内，材料的冲击韧性会骤然下降，材料变得很脆，这种现象称为冷脆现象。但是像铝、铜和某些高强度合金钢就没有明显的冷脆现象。

二、开口薄壁杆件的切应力弯曲中心

如果杆件有纵向对称面，且横向力作用在纵向对称面内，杆件只可能在纵向对称发生弯曲，若横向力作用面不是纵向对称面，即使是形心主惯性平面，杆件除了发生弯曲变形外，还将发生扭转变形，如图所示图1-2-3所示。

只有当横向力通过截面内的某一个特定点A时，杆件才能只发生弯曲变形而无扭转变形。横截面上的这个特定点成为弯曲中心或者剪切中心，简称弯心。

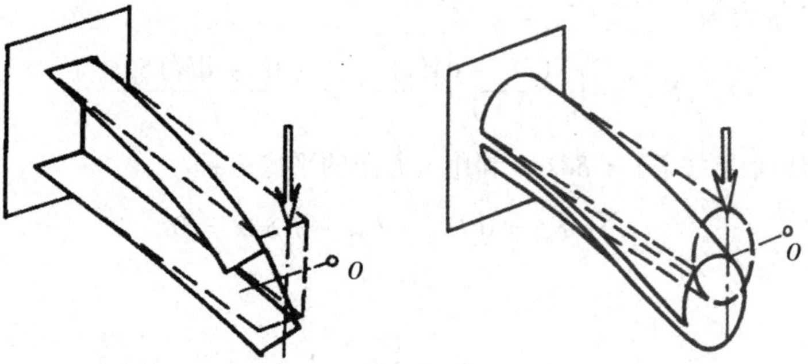

图 1－2－3　薄壁杆件的弯扭变形

在工程中有很多的开口薄壁杆件，这种杆件的弯心有较大的实际意义，而且它的弯心可以利用材料力学方法，通过分析横截面上切应力，利用平衡条件得到。

图 1－2－4(a)为一端固定，一端自由的开口薄壁杆件，y、z 轴为截面的形心主轴，横向力过截面的弯心，平行于 y，z 轴为弯曲变形的中性轴。杆件只产生弯曲变形没有扭转变形，横截面上只有弯曲引起的正应力和切应力，没有扭转切应力。由于杆件的内外表面都是自由面，由切应力互等定理，截面边缘上的切应力与截面的边界相切，又由于杆件壁厚 δ 很小，横截面上沿着壁厚切应力可以认为不变，即沿壁厚切应力均匀分布。以相邻的横截面和纵向截面，截取杆件的一部分如图 1－2－4(b)所示，在左横截面 ab 和右横截面 cd 上有弯曲正应力

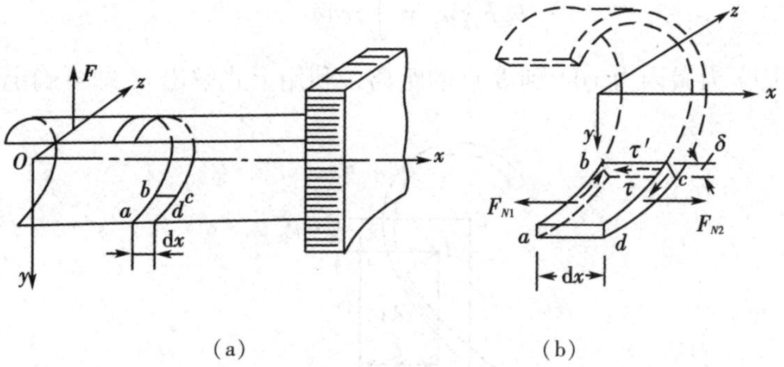

图 1－2－4　薄壁杆件

横截面上正应力可由下式计算

$$\sigma = \frac{M_z y}{I_z} \tag{1-2-2}$$

式中 M——截面弯矩；

I_z——整个截面对 z 轴的惯性矩。

左侧横截面上的轴力为

$$F_{N1} = \int_{A_1} \frac{M_z y}{I_z} \mathrm{d}A = \frac{M_z S_z^*}{I_z} \tag{1-2-3}$$

$S_z{}^*$——横截面上 y 点以下截面对中性轴的静矩。

右侧横截面上的轴力为

$$F_{N2} = \int_{A_1} \frac{(M_z + \mathrm{d}M)y}{I_z}\mathrm{d}A = \frac{(M_z + \mathrm{d}M)S_z^*}{I_z} \tag{1-2-4}$$

纵向面 bc 上的切向内力等于 $\tau'\delta\mathrm{d}x$，利用 x 方向的平衡方程

$$\sum F_x = 0 \quad F_{N2} - F_{N1} - \tau'\delta\mathrm{d}x = 0 \tag{1-2-5}$$

得到

$$\tau' = \frac{F_{sy}S_z^*}{I_z\delta} \tag{1-2-6}$$

由切应力互等定理，横截面上 c 点的切应力与纵向截面上的切应力相等，既可以得到载荷 F 平行于 y 轴时的横截面切应力，方向如图 1－2－4(b)，计算公式为

$$\tau = \frac{F_{sy}S_z^*}{I_z\delta} \tag{1-2-7}$$

其中，F_{sy}——横截面上的剪力；

δ——截面厚度。

由于截面上的切应力全部由横向剪力 F_{sy} 引起，没有扭转引起的切应力，图 1－2－5 所示横截面上，微内力 $\tau\mathrm{d}A$ 组成切于横截面的内力系，其合力等于剪力 F_{sy}。为了确定弯曲中心的位置，即 F_{sy} 作用线的位置，可选用截面内的任一点 B 为力矩中心，由合力矩定理微力系对 B 点力矩的总和等于 F_{sy} 对 B 点的力矩，即

$$F_{sy}a_z = \int_A \tau r\mathrm{d}A \tag{1-2-8}$$

式（1－2－8）中 r 为微内力 $\tau\mathrm{d}A$ 到 B 点的距离，利用上式解出 a_z 即可确定弯曲中心。

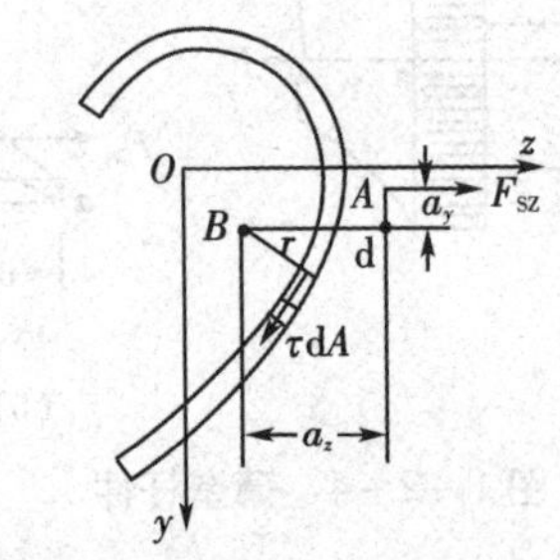

图 1－2－5　薄壁杆件的弯曲中心

当横向力过弯心且平行于 z 轴时，利用同样的原理，可以得到 a_y

$$F_{sz}a_y = \int_A \tau r\mathrm{d}A \tag{1-2-9}$$

利用 a_y 和 a_z 即可确定弯曲中心的位置。

如果横向外力不通过截面的剪切中心，利用力线平移定理，可以将外力向弯曲中心简化，得到一个过弯曲中心的力和一个扭转力偶，过弯心的力引起弯曲变形，扭转力偶引起扭转变形。开口薄壁杆件的抗扭刚度较小，严重的扭转变形不但产生扭转切应力，有时还

会因约束扭转而引起附加的正应力核切应力。实体杆件和闭口的薄壁杆件的抗扭刚度较大，当横向力过截面的形心时，扭转变形可以忽略。

槽形截面如图 1－2－6(a)所示，截面的弯曲中心在对称轴 z 轴上，为了确定弯曲中心 A 点的位置，过 A 点施加与 y 轴平行的横向力，截面的切应力分布如图 1－2－6(b)所示。利用式(1－2－8)可以得到

$$e = \frac{h^2 b^2 \delta}{4 I_z} \tag{1-2-10}$$

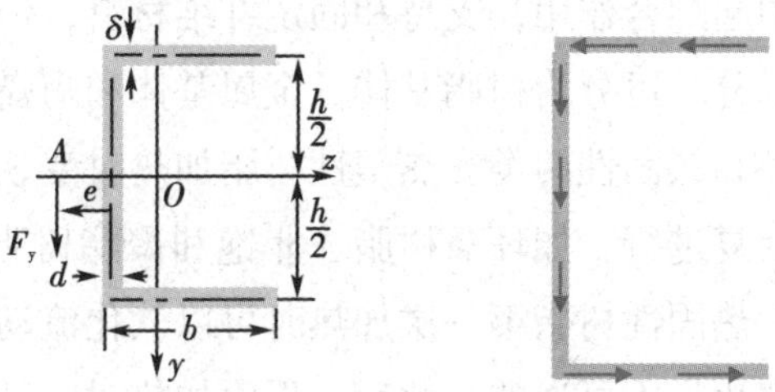

(a)　　(b)

图 1－2－6　槽形截面杆件的弯曲中心

三、复合材料的力学性能

复合材料是指由两种或两种以上的不同性能、不同形态的组成材料通过复合手段组合而成的一种多相材料。它的组成材料具有不同的化学或物理性质，且各组分材料之间具有明显的界面。组分材料包括基体和增强材料，其中基体为连续的、包容相材料，增强材料为分散的、被基体包容的材料，例如碳/环氧复合材料中增强材料为碳纤维，基体为环氧树脂。

1. 增强材料

在复合材料中，增强材料起主要作用，提供刚度和强度，基本控制复合材料的性能。常见的增强材料包括纤维、颗粒和晶须等。

常见的增强纤维包括玻璃纤维、碳纤维、芳纶纤维、陶瓷纤维、聚乙烯纤维、硼纤维等，具备如下特点：在纤维方向有很高的弹性模量；沿纤维方向的拉伸强度大；各纤维的力学性能差别不大；在加工制造过程中，有稳定的机械性能；纤维横截面积均匀。常见纤维的力学性能见表 1－2－1。

表 1－2－1　　几种常用纤维性能的比较

材料 性能	芳纶 /Kevlar	玻璃	碳纤维 T－300	硼纤维	碳化硅纤维		
					Ⅰ型	Ⅱ型	Ⅲ型
密度/(g/cm^3)	1.44	2.54	1.80	2.60	2.50	2.50	2.50
拉伸强度/GPa	2.75	2.40	2.80	3.43	2.94	3.43	1.96
模量/GPa	137	69	231	392	196	196	147
比强度/10^7 cm	1.94	0.965	1.58	1.34	1.20	1.4	0.8
比模量/10^9 cm	0.97	0.276	1.30	1.54	0.8	0.8	1.54

增强颗粒的主要用途是改善复合材料的力学性能，如(阻碍分子运动或位错，屏蔽断裂等)。增强颗粒分为延性颗粒和刚性颗粒，其中延性颗粒可以加入到脆性基体(陶瓷、玻璃)，提高材料的韧性；刚性颗粒指高强度、高模量、高硬度及耐热性好的陶瓷等颗粒。

晶须是指在人工条件下，以单晶结构形式生长的尺寸细小(直径小于3μm)的短纤维。由于尺寸小、缺陷少，性能优越，其强度接近材料原子间键力的理论值。增强晶须包括金属晶须和陶瓷晶须。

2. 基体

基体是指复合材料中起配合作用，支持和固定纤维材料，传递纤维间的载荷，保护纤维，防止磨损和腐蚀的部分，可分为树脂基体、金属基体和陶瓷基体。

树脂基体分为热塑性和热固性两类。热塑性树脂加热时变软以至流动，冷却变硬，这种过程是可逆的，可以反复进行，如环氧树脂、非饱和聚酯树脂(PE)、环氧树脂(EP)和固化型聚酰亚胺树脂等。热固性树脂第一次加热时可以软化流动，加热到一定温度，产生化学反应而变硬，这种变化是不可逆的，此后，再次加热时，已不能再变软流动了。有机玻璃(PMMA)、尼龙、塑料薄膜都是热固性树脂。

可作为复合材料基体的金属包括铝及铝合金、镁合金、钛合金、镍合金、铝钛和铝镍金属间化合物等。在需用金属基体时要考虑金属基复合材料的使用要求；考虑金属基复合材料的组成特点和考虑基体与增强材料的相容性。在制备过程中，金属基体与增强材料高温复合，发生不同程度的界面反应，生成脆性反应产物，对性能有害。因而，应选择有利于复合、能生成稳定界面的元素，如在碳纤维增强铝基复合材料中加入少量钛、锆等元素，能大大提高性能。

3. 纤维增强复合材料的结构

纤维增强树脂基复合材料层合板是在航空航天领域常用的构件，层合板是由单层预浸料(单层板)制造而成，单层预浸料的制作过程如图1－2－7所示，图1－2－8为单层预浸料的结构示意图。制作的过程包括：

① 纤维排列整齐通过滚轮进入树脂溶液；

② 浸侵后加热烘干；

③ 整平后成单层预浸料(铺层)。

层合板可采用干法铺层，即以预浸料为原料，先将预浸料按板样剪成坯料，按照规定的纤维方向和次序，铺放成叠层形式，铺层时加热软化，经加热固化处理，形成有多层铺层、每层纤维方向一般不同的薄板即层合板。图1－2－9为层合板的示意图。

4. 复合材料的力学性能

复合材料的力学性能分为宏观力学和细观力学两种研究方法，在宏观力学分析中，没有考虑单层板是由两种以上组分材料组成的，可以利用组分材料的性能、含量来比较准确地预测复合材料的各种性能参数；细观力学中将单向复合材料看成是各向异性的非均质体系，但认为各组分材料是均质的和各向同性的，目的是从组分材料的性能和界面特性预测

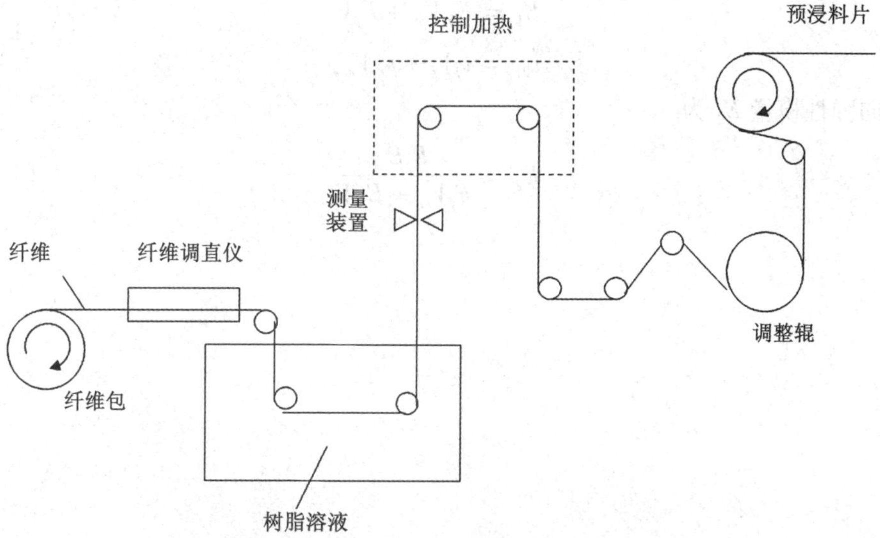

图 1-2-7　单层预浸料的制备过程

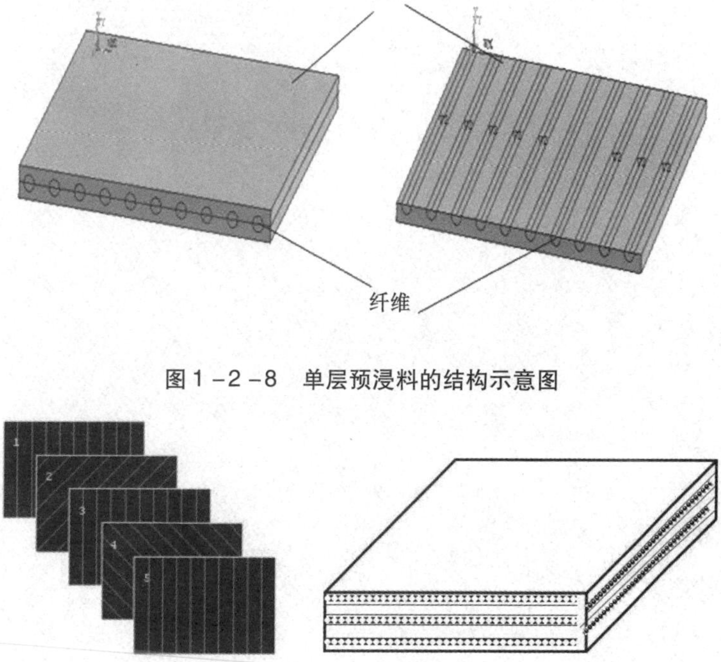

图 1-2-8　单层预浸料的结构示意图

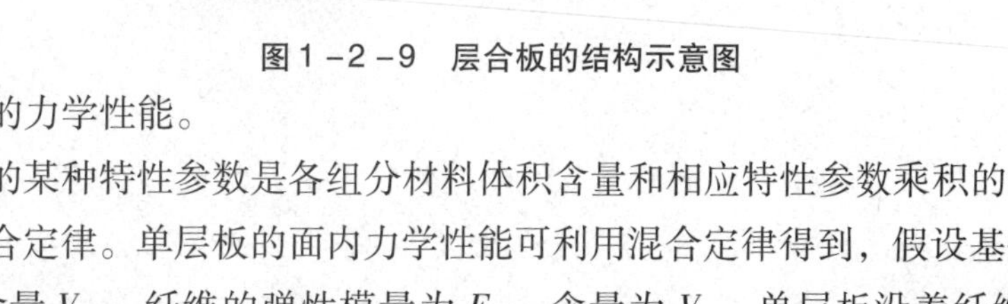

图 1-2-9　层合板的结构示意图

单向复合材料的力学性能。

复合材料的某种特性参数是各组分材料体积含量和相应特性参数乘积的线性关系，这个定律称为混合定律。单层板的面内力学性能可利用混合定律得到，假设基体的弹性模量为 E_m ，体积含量 V_m ，纤维的弹性模量为 E_f ，含量为 V_f ，单层板沿着纤维方向设为 1，板平面内垂直纤维方面设为 2，沿着纤维方向的弹性模量 E_1 和面内泊松比 v_{21} 为

$$E_1 = E_m V_m + E_f V_f$$
$$v_{21} = v_f V_f + v_m V_m \quad (1-2-11)$$

横向弹性模量 E_2 为

$$E_2 = \frac{E_f E_m}{E_f V_m + E_m V_f} \quad (1-2-12)$$

第 2 章　振动实验

§2-1　简谐振动的基本参数测量及振动传感器的标定

一、实验目的

1. 掌握简谐振动基本参数(频率、振幅、速度、加速度等)的测试方法；
2. 学习常用测振传感器及其配套仪器的一般操作；
3. 了解加速度传感器的标定方法。

二、实验装置

1. 实验装置图

图 2-1-1　实验装置图

2. 主要实验设备

信号发生器、功率放大器、激振器、压电式加速度传感器、测振仪、振动校准仪。

三、实验原理

1. 传感器的标定

在振动与冲击测量中，为了保证测试结果的正确性和统一性，满足一定的测量精度要求，所用的传感器、测量仪器、试验设备都要定期进行校准；在有些情况下，还要在试验前后(特别是一些重大的或不可重复的试验)进行校准。其校准内容主要有：灵敏度、频率特性、幅值线性度、横向灵敏度以及其他环境特性参数。这里介绍两种校准方法。

(1)绝对法。将被校传感器刚性连接在电动式振动台上，其输出与相应测振仪相连，并在传感器上贴一小块细砂纸或反光线。将振动台振动频率调到 20～40Hz，并保持不变，调节信号源或功率放大器输出增益，可改变振动台振动位移大小。传感器输入，即振动台的振动位移，由读数显微镜或激光位移传感器测定，传感器输出可从相应测振仪上读取，这样就可得到被校传感器测量系统的线性度。

(2)比较法。常用此法校准传感器及测量系统的灵敏度和频率响应。将被校传感器和标准传感器背靠背刚性连接在电动式振动台上，并与各自的测量系统相连。调节振动台的振动频率和振动加速度，使标准传感器系统的输出在各振动频率下维持不变(即被校传感器系统的输入不变)，读取相应频率下被校传感器测量系统的输出，就可得到其幅频特性。

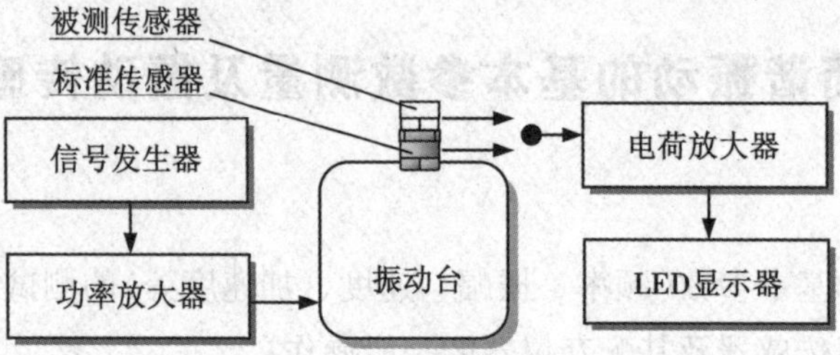

图2－1－2　比较法标定原理图

2. 位移、速度、加速度的测量

在振动测量中，振动信号的位移、速度、加速度是经常测量的基本参数。

设振动位移(x)、速度(v)、加速度(a)其幅值分别为B、V、A，当$x = B\sin(\omega t - \varphi)$时，有

$$v = \dot{x} = \omega B\sin\left(\omega t - \varphi + \frac{\pi}{2}\right) \tag{2-1-1}$$

$$a = \ddot{x} = \omega^2 B\sin(\omega t - \varphi + \pi) \tag{2-1-2}$$

式中ω为 振动角频率，φ为初相角，则位移、速度、加速度的幅值关系为

$$V = \omega B \tag{2-1-3}$$

$$A = \omega^2 B \tag{2-1-4}$$

由上式可知，振动信号的位移、速度、加速度的幅值之间有确定的关系，根据这种关系，只要用位移、速度或加速度传感器测出其中一种物理量的幅值，在测出振动频率后，就可计算出其他两个物理量的幅值(常用的振动测试分析仪器的微分、积分功能可实现上述参数的测量结果的转换)。

四、实验步骤

第一部分　加速度传感器的标定

1. 在关机的状态下，将待测灵敏度的压电式加速度传感器(电荷输出)用M5螺钉牢固地安装在振动校准仪的振动台面上，并用L5电缆线将传感器连接到“Input”功能的“PE”接口；

2. 打开振动校准仪电源开关，通过TYPE键选择“REF”状态，调节幅度旋钮和频率按键将振动调至所需的振幅和频率。(例：$9.8\text{m}\cdot\text{s}^{-2}$和160Hz)；

3. 通过TYPE键选择“PE”状态，记录下LCD显示的数值；

4. 重复 2、3 步骤，测三次传感器灵敏度，取平均值；

5. 将幅度旋钮调至最小，关闭电源。

第二部分　振动基本参数测量

1. 设备电源均置于关的状态，连接好所有导线，经指导教师检查后打开电源预热；

2. 将振动测量仪的“传感器灵敏度”调至“第一部分”操作的测量值，函数信号发生器置于“正弦波形”，选择合理的信号频率(例：50Hz)，按下输出按键，功率放大器电流输出旋钮置于 9A 左右；

3. 振动测量仪功能键选择“位移”挡，打开功率放大器增益旋钮，并顺时针缓慢调节增益旋钮，使激振器产生振动，同时观察振动测量仪使其产生合理示数并记录；

注意：调节功率放大器的输出电流不宜过大，否则，容易烧毁仪器。

4. 功率放大器增益旋钮保持不变，切换振动测量仪的功能键选择“速度”“加速度”挡位，分别记录速度和加速度数值；

5. 读数结束后，将所有仪器输出旋钮置于 0；关闭所有仪器开关，结束实验。

五、实验要求

1. 计算传感器的灵敏度；

2. 根据测得的位移、速度、加速度的值，分别计算其他两种参数的幅值。

六、思考题

1. 简述传感器标定的实际意义；

2. 请写出两种加速度传感器标定方法；

3. 简述振动的基本参数之间的相互关系。

七、原始数据

1. 传感器标定：

测量次数		一	二	三
REF 状态	振动频率/Hz			
	标准加速度/ms^{-2}			
PE 状态	输出电荷量/pC			
计算灵敏度/(pC/ms^{-2})				

2. 振动基本参数测量值：

振动频率 f =

振幅 X =

速度 V =

加速度 a =

§2－2　单自由度系统固有频率及阻尼系数的测定

一、实验目的

1. 掌握单自由度系统固有频率和阻尼系数的测试方法及相关测振设备的正确使用；

2. 学习计算机对振动信号的采集、检测、分析技术；

3. 掌握用李沙育图形法测量振动频率。

二、实验装置

1. 实验装置图

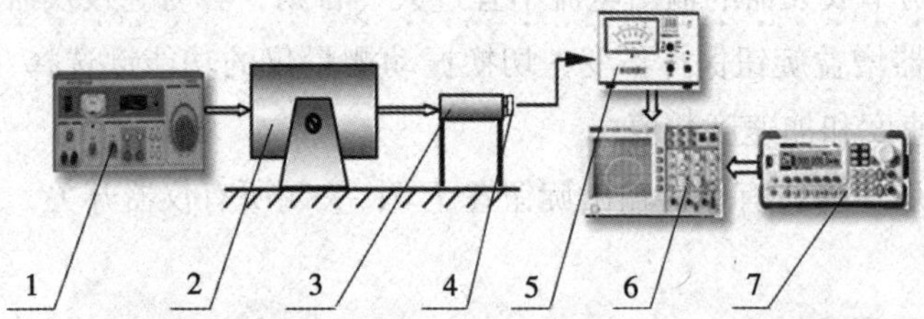

1—功率函数发生器；2—激振器；3—振动台；4—加速度传感器；
5—振动测量仪；6—示波器；7—函数发生器

图2－2－1　实验装置图

2. 主要实验设备

函数发生器、功率放大器、激振器、加速度传感器、振动测量仪、示波器等。

三、实验原理

1. 固有频率的测量

根据信号发生器和振动测量仪的数据，利用描点法绘制出幅频特性曲线(如图2－2－2所示)，使振幅最大的激振频率，即为系统的固有频率(f_n)。

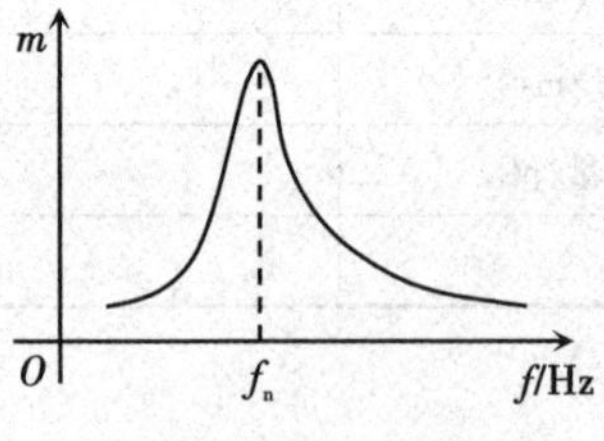

图2－2－2　幅频特性曲线

2. 用李沙育图形法测量非共振状态下的强迫振动频率。

其原理可由数学方法表示。在示波器的 x 轴及 y 轴同时输入两个信号：

$y = Y_m \sin(\omega_y t)$ ——被测系统振幅信号；

$x = X_m \sin(\omega_x t + \varphi)$ ——测量系统的信号发生器产生的信号。

这两个信号在示波器屏幕上形成的图像，实际上是由这两个参数方程所形成的运动轨迹。只有 $\omega_x = \omega_y$ 时，消去参量 t，即可得到椭圆方程：

$$\frac{x^2}{X_m^2} + \frac{y^2}{Y_m^2} - \frac{2xy}{X_m Y_m}\cos\varphi = \sin^2\varphi$$

该式是一斜椭圆。当 $\varphi = \pi/2$ 时，该式就变成一正椭圆方程：

$$\frac{x^2}{X_m^2} + \frac{y^2}{Y_m^2} = 1$$

总之，当调节测量系统中的信号发生器的频率，使示波器上显示出一椭圆时，该信号发生器的输出信号频率就是振动台的振动频率。

3. 衰减振动的测量

衰减振动的测量是根据小阻尼自由振动理论开出的实验。由小阻尼自由振动理论可知：一个具有线性小阻尼振动系统，其振体的位移按下面的规律变化：

$$x = Ae^{-nt}\sin(\sqrt{\omega^2 - n^2}t + \theta)$$

即振幅值在 $\pm Ae^{-nt}$ 两条曲线之间变化，如图 2－2－3 示。

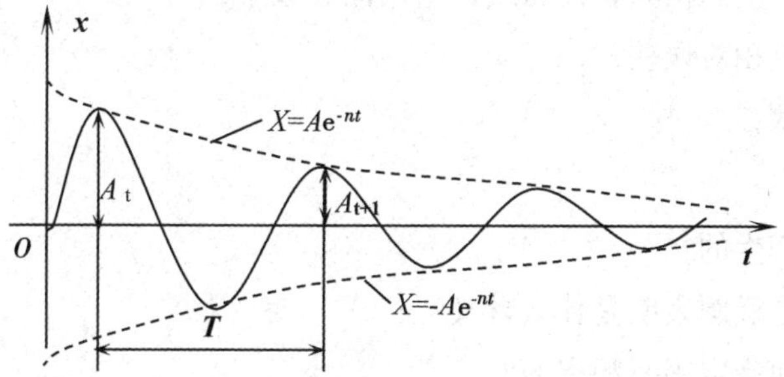

图 2－2－3

其减幅系数和对数减幅系数简化为

$$d = \frac{A_t}{A_{t+1}} \qquad \delta = \ln d$$

阻尼系数简化为

$$n = \frac{\delta}{T} = \frac{\ln d}{T} = \frac{\ln \dfrac{A_t}{A_{t+1}}}{T}$$

四、实验步骤

第一部分　固有频率的测量

1. 检查所有仪器设备连接线、电源线是否连接正确，电源开关是否处于关的位置。经指导教师允许后方可进行实验；

2. 顺时针缓慢调节信号发生器的频率旋钮，观察振动测量仪指针偏转情况，当指针顺时针偏转最大位置(共振)时，记住此时的激振频率(预测的固有频率)。

3. 根据预测固有频率值，选择合理的频率范围，重新调节函数发生器的频率(注意按频率从小到大的顺序调节)，一一记录下对应的幅频值(频率值精确到个位，振幅值精确到小数点后两位即可)。

第二部分　振动频率的验证

1. 任意设置一激振频率(f)(不能设置为共振频率);同时按下示波器的"EXT、INT"和"NORM、X－Y"键,使示波器上显示李沙育图形;

2. 调节测量函数发生器的频率,使示波器显示的李沙育图形为一稳定的椭圆,记录下此时两个函数发生器的频率(f 和 $f_{测}$)。

第三部分　阻尼系数的测量

1. 运行计算机中衰减振动采集软件,调节振动测量仪,使传感器的灵敏度与加速度传感器相适应,工作选择开关置于位移挡;

2. 推动弹簧块,使其产生一定初始振幅,并让其自由衰减,采集并记录相关数据;

3. 振动测量仪量程旋钮置于0,并关闭所有仪器设备,结束实验。

五、实验要求

1. 根据记录数据绘制幅频特性曲线,指出固有频率;

2. 计算频率测量相对误差;

3. 计算阻尼系数;

六、思考题

1. 共振是怎样产生的?

2. 李沙育图形是椭圆表明是什么含义?

3. 本实验是如何确定固有频率的?

4. 什么是衰减振动?

七、实验数据

1. 固有频率的测量

频率/Hz											
振幅/mm											

2. 频率测量

$f=$　　　　　$f_{测}=$

3. 衰减振动曲线

§2－3　简支梁振动特性的研究

一、实验目的

1. 了解简支梁的振动特性,以及振动的力、位移、速度、加速度之间的幅值和相位的关系;

2. 掌握系统的固有频率的测试方法,以及系统共振的特点;

3. 了解常用传感器以及配套设备的使用方法，掌握信号采集、分析、处理的方法。

二、实验装置

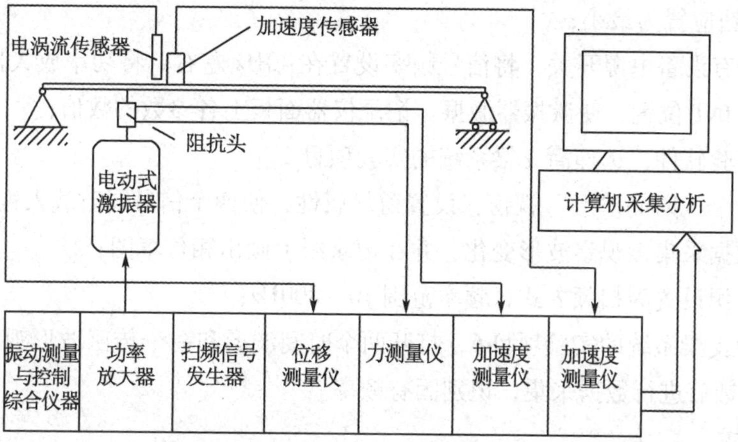

图 2-3-1　实验装置

主要实验设备：

振动力学实验台、激振器、电涡流传感器、加速度传感器、力传感器、振动测量与控制综合仪器、计算机。

三、实验原理

强迫振动各参数之间的相位关系。

由前所述，强迫振动激振力、位移、速度、加速度响应分别为

$$F = F_0 \sin\omega t$$

$$x(t) = B\sin(\omega t - \varphi)$$

$$\dot{x}(t) = \omega B\sin\left(\omega t - \varphi + \frac{\pi}{2}\right)$$

$$\ddot{x}(t) = \omega^2 B\sin(\omega t - \varphi + \pi)$$

它们之间的相位关系为：位移滞后力 φ 角，速度超前位移 $\frac{\pi}{2}$，加速度超前位移 π，用旋转矢量表示如图 2-3-2。

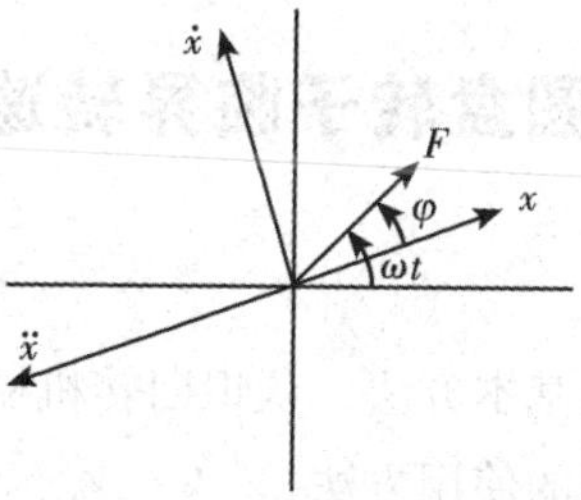

图 2-3-2　相位关系图

四、实验步骤

1. 检查各仪器的连接线是否连接正确，激振器、传感器的连接件是否安装牢固，功率放大器输出旋钮应置为最小；

2. 打开所有设备电源开关，将信号频率设置在40Hz左右，将功率放大器面板的“输入选择”置于INT位置，使激振器激振。记录仪器面板上各参数的数值；

3. 运行实验软件，选择简支梁系统的实验项目1；

4. 打开一个“时间波形”视窗，设置窗口属性，使四个信号同时载入视窗；

5. 进行数据采集，观察波形变化，并在记录纸上画出相位草图；

6. 将信号源设置为扫频方式，频率范围10～800Hz；

7. 选择简支梁系统的实验项目6，打开两个时间波形和一个传函波形观察视图，按提示输入相应参数后进行数据采集，识别固有频率。

五、实验要求

1. 分别用位移、速度、加速度传感器测量同一简谐强迫振动的力、位移、速度、加速度幅值；

2. 观测简谐强迫振动的力、位移、速度、加速度之间的相位差；

3. 用正弦扫频法测量简支梁的频率响应函数，获得前四阶固有频率。

六、思考题

1. 观察力、位移、速度、加速度之间的相位图，试问哪个参数相位的变化与系统的振动频率有关？

2. 系统共振时，激振力与位移之间的相位差是多少？

3. 随着系统固有频率级数的增加，系统振动的振幅有什么变化趋势？

4. 根据简支梁振动的特点，指出对激振器的安装位置有什么特殊要求？

七、实验数据

1. 记录一组频率、力、位移、速度、加速度测量值；

2. 绘制用正弦曲线表示的各参数之间的相位草图；

3. 绘制频率响应函数草图，记录前四阶固有频率值。

§2-4　单圆盘转子临界转速的测量实验

一、实验目的

1. 掌握测量转子临界转速的基本方法，认识回转机械的共振现象；

2. 了解电涡流传感器等仪器的使用方法。

二、实验装置

1. 实验装置

2. 主要实验设备

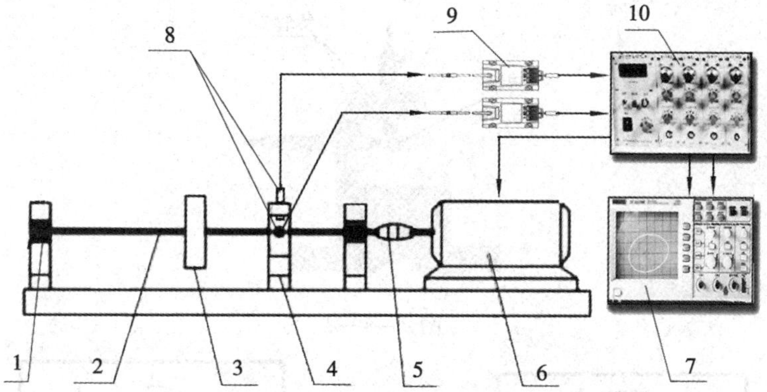

1—滑动轴承；2—转轴；3—转盘；4—传感器支架；5—联轴器；
6—电机；7—示波器；8—涡流传感器；9—前置器；10—控制采集仪

图 2 -4 -1

转子试验台 1 台，控制采集仪 1 台，涡流传感器 2 只，示波器 1 台。

三、实验原理

本实验是根据理论力学振动部分提出的临界转速理论开设的。对于回转机械，经常由于转子偏心而发生振动。当转速增加到某一数值时，振动会变得非常激烈，超过这一转速，振幅又会很快降下来。我们把使转子发生激烈振动的特定转速称为临界转速。本实验是以单圆盘旋转轴为测试对象(即单自由度系统)。

由临界转速理论指出：当一个单圆盘轴系组成后，它就具有一个固有频率，即为临界转速。其计算公式如下：

$$n_n = \omega_n \times \frac{60}{2\pi} = \frac{30}{\pi}\sqrt{\frac{3E\pi d^4 g}{4[(\pi D^2/4) \times A + (\pi d^2/8)l] \times \rho l^3}}$$

式中　E——钢的弹性模量 $=2.1\times10^6\,\mathrm{kg/cm^2}$；

ρ——钢的密度 $=0.0078\,\mathrm{kg/cm^3}$；

D——圆盘直径；

A——圆盘厚度；

d——轴的直径；

l——轴的长度。

在本实验中，测点处安装了两个相互垂直的电涡流传感器(X、Y 向互成 90°，如图 2 -4 -2 所示)，其拾振信号从前置器输出接双线示波器，测试李沙育图形。开启电机，逐渐加大转速，开始时图形为一近似椭圆，如图 2 -4 -3 所示；当接近和达到第一临界转速时，椭圆达到最大，示波器图形从 a 转向 b(如图 2 -4 -4)所示，表示轴的相位发生了很大变化，此时转速表显示值即为第一临界转速。转速大于此转速后，椭圆迅速缩小。

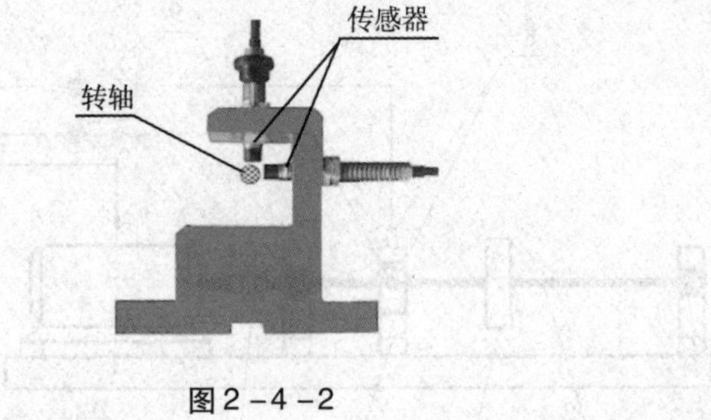

图2－4－2

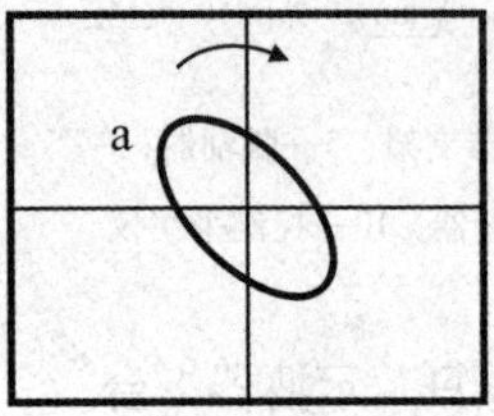

图2－4－3

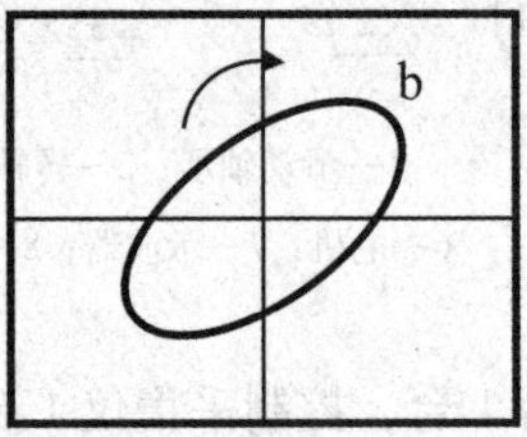

图2－4－4

四、实验步骤

1. 检查所有仪器电源开关是否处于“关”的位置，电机调速旋钮是否处于“零”的位置，运行/暂停开关置于运行位置；检查各连接导线、电源线是否连接正确；经指导教师检查后，方可进行实验；

2. 打开所有仪器开关，按下示波器｜X－Y｜按钮；

3. 顺时针调节电机调速旋钮，并观察示波器上李沙育图形的变化情况，当图形出现图2－4－4的情况时，记录下此时的电机转速，并将电机调速旋钮调回零位；

4. 重复以上述步骤两次，经指导教师检查，将三次测量数据填于表2－4－1中；

5. 关闭所有实验仪器，结束实验。

表2－4－1

测量次数	一	二	三	均值
转速/（r/min）				

注意：旋转设备，注意安全。

五、实验要求

1. 按照理论公式计算出单圆盘旋转轴临界转速的理论值；

2. 计算相对误差。

3. 分析误差产生的主要原因。

六、思考题

1. 什么是临界转速？

2. 本实验是怎样测出临界转速的？

3. 试说明为什么本实验采用电涡流传感器进行测试？

4. 简述测量临界转速的意义。

七、实验数据

临界转速测量表

测量次数	一	二	三	均值
临界转速				

转轴基本尺寸：

圆盘直径 $D =$

圆盘厚度 $A =$

轴的直径 $d =$

轴的长度 $l =$

弹性模量 $E =$

钢的密度 $\rho =$

§2－5　振型研究实验

一、实验目的

1. 了解振动台等设备的用途及使用方法；

2. 观察被测体的振型，了解模态分析基本原理；

3. 用冲击激励法测量简支梁的振型。

二、主要实验设备

电动振动系统，振动力学实验台、激振锤、加速度传感器、力传感器、计算机等。

三、实验原理

在振动测量中，振型的测量也是很重要的一个方面。所谓振型，就是振动时，振动系统中各质点的振幅比。

例如，简支梁，其振动位移表达式为

$$y(x,t) = Y(x)T(t) \tag{2-5-1}$$

式中 $Y(x)$ 即为振型。

当简支梁以某一固有频率振动时，就有一个相应的振型函数。如 $\omega = \omega_{n1}$、ω_{n2}、ω_{n3}……时，则相应的振型函数为

$$\left.\begin{aligned} Y_1(x) &= A_1\sin\frac{\pi x}{l} \\ Y_2(x) &= A_2\sin\frac{2\pi x}{l} \\ Y_3(x) &= A_3\sin\frac{3\pi x}{l} \end{aligned}\right\} \tag{2-5-2}$$

分别称为该梁振动时的一阶、二阶、三阶……振型。简支梁的前三阶振型如图2-5-1所示。从图中可见二阶振型除两个端点由于边界条件的要求而没有位移外，在梁的跨中还有一点在振动的过程中没有位移，称这样的点为振型节点，即除边界约束条件外，位移为零的点。对于简支梁，二阶振型有一个节点，三阶振型有两个节点……

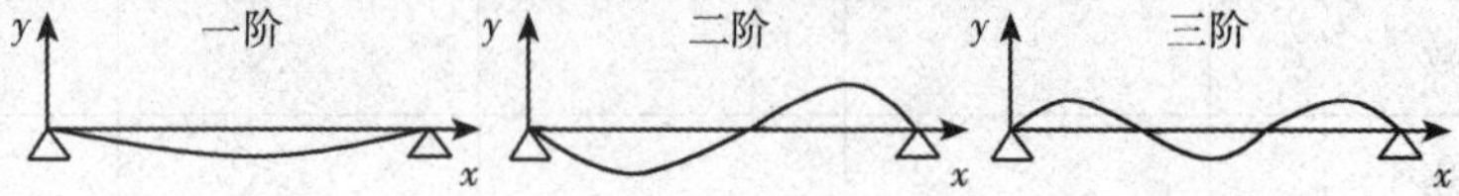

图2-5-1

又如悬臂方板(二维弹性体)，振动时其上下不动点(节点)会形成一条线，称为节线(即节点连续构成的线)。其不同阶振型的节线如图2-5-2所示。

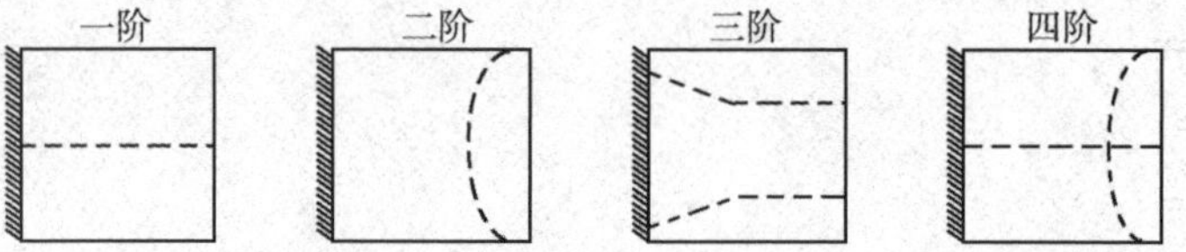

图2-5-2

进行模态分析时，首先需要测得激振力及相应的响应信号，进行传递函数分析。然后建立结构模型，采用适当的方法进行模态拟合，得到各阶模态参数和相应的模态振型动画，形象地描述出系统的振动型态。根据结构特点可采用不同的测试方法。如点轮流激励，一点响应的方法，可适用于测量矩阵中的任一行；要得到矩阵中任一列，可采用单点激励，多点测量响应的方法。使用单击拾振法时，常采用锤击法激振，此法常用于轻薄型小阻尼结构。

此外还可用观察法测量，如细沙颗粒跳动法。将水平放置的被测体上撒上细沙，将被测体扫频激振，当被测体振动达到某阶振动时，跳动的细沙会集中到节线处，从而显示出节线的位置。这种方法非常直观，缺点是只能找到水平面上的节点。

四、实验步骤

1. “在教学装置选择”中，选择结构类型为“简支梁”，如果选择等份数为10，将需要测量9个测点；

2. 本试验可采用单点激励，多点响应的方式，也可采用多点激励，单点响应的方式，测量原点可以选择在第3点或第4点；

3. 采用多点激励，单点响应的方式时，激励第1点，对应的激励为f1，响应为1，以此类推，测量完全部测点；

4. 选择“教学装置模态分析和振型动画显示”，调入测量数据进行分析，并绘制振型图；

5. 利用电动振动系统观察试件振型。

五、思考题

1. 什么是节点、节线？
2. 你还知道其他哪些测量振型的方法？
3. 测量振型有什么实际意义？

第 3 章 材料力学实验

§ 3 –1 拉伸实验

常温静载拉伸实验是基本的材料力学性能实验，是工程材料质量检验的常规实验，可以确定材料的弹性模量、屈服强度、抗拉强度、断后伸长率和断面收缩率等性能指标。

一、实验目的

1. 测定低碳钢在拉伸过程中的几个重要力学性能指标：屈服极限 R_{eL}、强度极限 R_m、断后伸长率 A 和截面收缩率 Z；测定铸铁的强度极限 R_m。

2. 观察这两种材料拉伸过程中的现象并绘制拉伸 $F-\Delta l$ 曲线。

3. 注意两种材料的不同表现，认识材料的性质。

4. 了解万能材料试验机操作过程，学习实验方法。

二、实验设备及仪器

电子式万能材料试验机，游标卡尺。

三、实验原理

为了使实验数据具有科学性和可比性，拉伸实验要统一按照国家标准 GB/T228. 1—2010 的要求进行。金属常温静载拉伸试样多采用圆形横截面(如图 3 –1 –1 所示)和矩形横截面两种，试样包括夹持、过渡和平行三部分组成。圆形横截面比例试样原始标距与横截面直径应满足 $L_0 = 10d_0$（长试样）或 $L_0 = 5d_0$（短试样），具体参数见表 3 –1 –1。

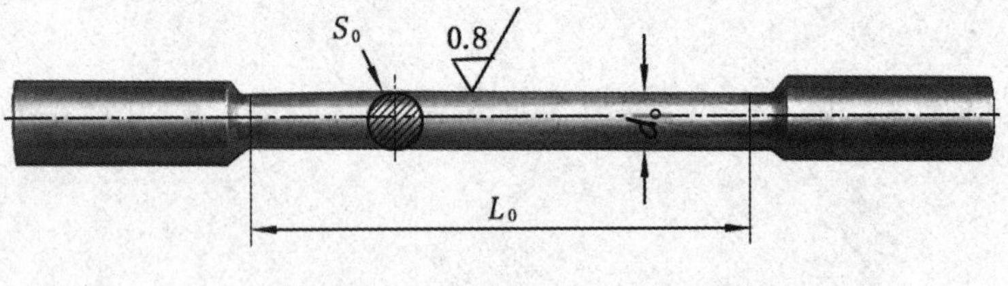

图 3 –1 –1 圆形横截面拉伸试样

低碳钢拉伸实验

低碳钢是一种典型的塑性材料，其室温拉伸 $F—\Delta l$ 曲线如图 3 –1 –2(a)所示，整个过程可分为四个阶段。

线弹性阶段（*OA* 段）：在此阶段发生弹性变形，拉伸曲线基本呈直线，应力与应变的关系满足单向应力胡克定律。此时，将力卸载后试件变形会全部消失，曲线回到原点。

屈服阶段（*BC* 段）：过了弹性阶段，随着拉力的增大，材料失去抵抗继续变形的能力，力先是突然下降，然后小幅波动。这一阶段，拉力几乎没有增加，但试样的伸长变形却显著增加，拉伸曲线呈锯齿状上下波动，这种现象成为屈服。金属材料的塑性变形是由于晶界间产生滑移的结果。在抛光试件表面，可以观察到沿最大切应力方向的滑移线。当金属材料呈现屈服现象时，应区分上、下屈强度。

上屈服点 R_{eH}：试件发生屈服而力首次下降前的最大应力；

下屈服点 R_{eL}：当不计初始瞬时效应时屈服阶段中的最小应力。

由于上屈服极限受实验条件影响较大，一般多采用下屈服强度作为材料的屈服极限：

$$R_{eL} = \frac{F_{eL}}{S_0} \tag{3-1-1}$$

式中 F_{eL}为下屈服力，S_0为试样原始横截面积。

强化阶段（*CD* 段）：屈服阶段后，材料的抵抗变形能力重新恢复，力与变形之间不成正比，既有塑性变形又有弹性变形，直到达到最高点 D，此点为材料的抗拉强度 R_m：

$$R_m = \frac{F_m}{S_0} \tag{3-1-2}$$

式中 F_m为下屈服力，S_0为试样原始横截面积。

局部颈缩阶段（*DE* 段）：过了 D 点（拉力最大值 F_m），随着变形的增加，试样会在某一部位横向尺寸急剧缩小，产生颈缩，拉力下降，但应力迅速增加，最后试样断裂。

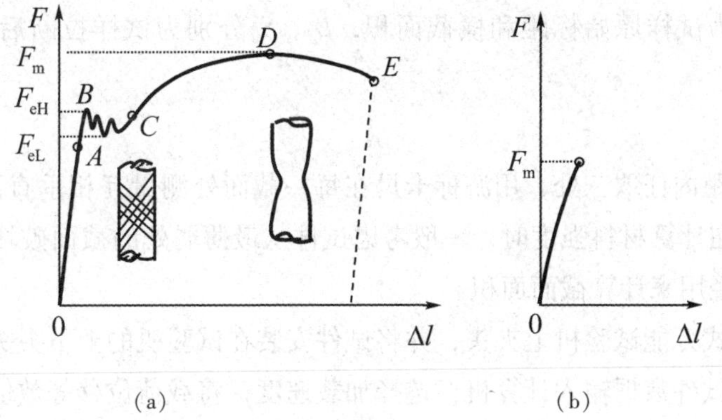

图 3-1-2　拉伸 *F*—Δ*l* 曲线

表 3-1-1　　圆形横截面比例试样(GB/T228.1-2010)

d_0/mm	r/mm	$k=5.65$			$k=11.3$		
		L_0/mm	L_c/mm	试样编号	L_c/mm	L_c/mm	试样类型编号
25				R1			R01
20				R2			R02
15				R3			R03
10	$\geqslant 0.75d_a$	$5d_a$	$\geqslant L_0+d_0/2$ 仲裁试验： L_a+2d	R4	$10d_a$	$\geqslant L_0+d_0/2$ 仲裁试验： L_0+2d_0	R04
8				R5			R05
6				R6			R06
5				R7			R07
3				R8			R08

注 1：如相关产品标准无具体规定，优先采用 R2、R4 或 R7 试样。

注 2：试样总长度取决于夹持方法，原则上 $L_t > L_c + 4d_0$。

铸铁拉伸实验

铸铁是典型的脆性材料，拉伸曲线如图 3-1-2(b)所示，没有明显的直线段，也没有屈服和颈缩现象，试样在经过很小的变形后即脆性断裂。

本实验要测定的强度指标为低碳钢的屈服极限 R_{eL}、强度极限 R_m 和铸铁的强度极限 R_m。低碳钢表征材料塑性大小的两个指标断后伸长率 A 和截面收缩率 Z。

$$A = \frac{L_u - L_0}{L_0} \times 100\% \tag{3-1-3}$$

$$Z = \frac{S_0 - S_u}{S_0} \times 100\% \tag{3-1-4}$$

式中 L_0、S_0 分别为试样原始标距和横截面积，L_u、S_u 分别为试样拉断后的标距和横截面积。

四、实验步骤

1. 在试件标距内任取三处，用游标卡尺在每一截面处测量互相垂直两个方向的直径，并取平均值。因在计算材料强度时，一般考虑试件从最薄弱处的截面破坏，故取三个截面中最小的平均直径用来计算截面面积。

2. 调整电子式万能试验机上夹头，并将试件安装在试验机的上下夹头内。

3. 将测试的试件数据输入计算机；选择加载速度；将载荷位移等数值清零；再用鼠标按“开始”按钮，观察试件及拉伸曲线变化情况。试件拉断后机器自动停止工作。

4. 取下试件，观察断口形貌。低碳钢试件还需测量断后长度 L_u 及最细部位的直径 d_1。

五、实验数据记录

<table>
<tr><td rowspan="4">材　料</td><td colspan="11">实　验　前</td></tr>
<tr><td rowspan="3">标距 L_0 /mm</td><td colspan="9">直径 d_0/mm</td><td rowspan="3">横截面积 S_0/mm^2</td></tr>
<tr><td colspan="3">截面Ⅰ</td><td colspan="3">截面Ⅱ</td><td colspan="3">截面Ⅲ</td></tr>
<tr><td>(1)</td><td>(2)</td><td>平均</td><td>(1)</td><td>(2)</td><td>平均</td><td>(1)</td><td>(2)</td><td>平均</td></tr>
<tr><td>低碳钢</td><td>80.00</td><td></td><td></td><td></td><td></td><td></td><td></td><td></td><td></td><td></td><td></td></tr>
<tr><td>铸　铁</td><td></td><td></td><td></td><td></td><td></td><td></td><td></td><td></td><td></td><td></td><td></td></tr>
<tr><td rowspan="3">材　料</td><td colspan="11">实　验　后</td></tr>
<tr><td rowspan="2">标距 L_u /mm</td><td colspan="9">断口直径 d_1/mm</td><td rowspan="2">断口横截面积 S_1/mm^2</td></tr>
<tr><td colspan="3">(1)</td><td colspan="3">(2)</td><td colspan="3">平均</td></tr>
<tr><td>低碳钢</td><td></td><td colspan="3"></td><td colspan="3"></td><td colspan="3"></td><td></td></tr>
</table>

低碳钢：　　F_{eL} =　　　　kN，　　F_m =　　　　kN

铸　铁：　　F_m =　　　　kN

六、思考题

1. 比较低碳钢和铸铁的拉伸力学性能。
2. 低碳钢拉伸图大致可分几个阶段？各阶段有何特征？
3. 为什么拉伸试验要采用统一的国家标准？

§3－2　压缩实验

一、实验目的

1. 测定低碳钢压缩屈服极限 R_{eLc}；
2. 测定铸铁压缩强度极限 R_{mc}；
3. 观察断口特征，分析破坏原因。

二、实验设备及仪器

电子式万能材料试验机，游标卡尺。

三、实验原理

压缩实验要统一执行国家标准。按照 GB/T7314－2005 要求，金属材料的试样一般采用圆柱形，如图 3－2－1 所示，短试样的高度为直径的 1～2 倍。试样细长容易压弯，试样太短，试样端面和试验机垫板之间的摩擦约束力会影响试样的承载能力。同时要求两端面平行，表面粗糙度低，试验时接触面要适当润滑。试样和机器平台之间加球形垫板，使压力自动调中。

低碳钢为塑性材料，压缩曲线如图 3－2－2 所示。在压缩过程中，有较短的屈服阶段，当应力小于屈服应力时，其变形情况与拉伸时基本相同。当达到屈服应力后，试样产生塑性变形，随着压力的继续增加，试样越压越扁而不会破裂。因而低碳钢没有压缩强度

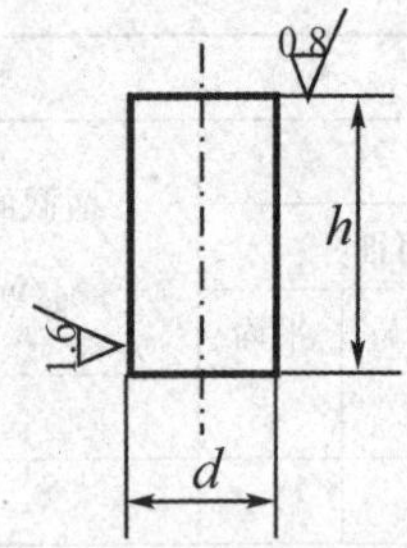

图 3-2-1　压缩试件

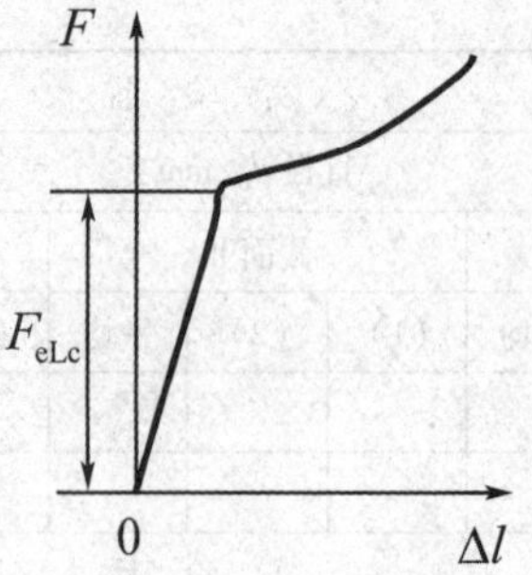

图 3-2-2

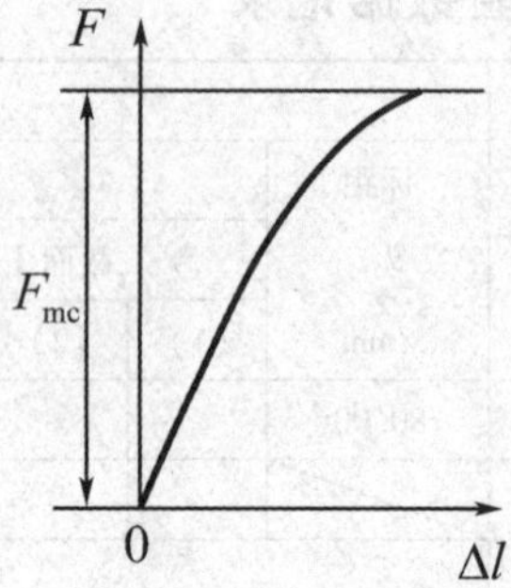

图 3-2-3

极限，故屈服后即可停止实验，试样压缩前后形状如图 3-2-4(a)。

故本实验只求下压缩屈服极限：

$$R_{eLc}=\frac{F_{eLc}}{S_0}\,(\text{MPa}) \tag{3-2-1}$$

式中 F_{eLc} 为下压缩屈服力，S_0 为试样的原始横截面积。

铸铁是脆性材料，压缩曲线如图 3-2-3 所示，没有屈服现象，随着压力增加曲率逐渐增大，直至断裂，因此只求其抗压强度 R_{mc}：

$$R_{mc}=\frac{F_{mc}}{S_0}\,(\text{MPa}) \tag{3-2-2}$$

式中 F_{mc} 为最大压缩力，S_0 为试样原始横截面积。

铸铁试件的断裂面是与轴线成 45° 左右的斜面，如图 3-2-4(b) 所示。试件 h/d 越大断口越接近 45°，这与端面摩擦约束的影响有关。45° 面为最大剪应力平面，故铸铁试件压缩的断口为剪切破坏。

(a)　　(b)

图 3-2-4

四、实验步骤

1. 用游标卡尺测量试件直径，记录后，将试件放于压缩平台中心（注意不要用手直接放置）；并调整电子式万能试验机横梁高度，使两压头处于接近试件的位置。

2. 将试件数据输入计算机，选择加载方向和速度；将载荷位移等数值清零；再用鼠标按“开始”按钮，观察试件及压缩曲线变化情况。

低碳钢试件：记下下屈服载荷 F_{eLc} 值，过屈服后手动停止实验。

铸铁试件：加载至压断为止，设备自动停机，记下强度载荷 F_{mc} 值。

3. 调节横梁，取下试件，观察铸铁试件断口形貌。

4. 关闭设备，结束实验。

五、实验数据记录

材料	实验前				实验结果	
	直　径 d_0 /mm			截面面积 S_0	F_{eLc} 或 F_{mc}	R_{eLc} 或 R_{mc}
	（1）	（2）	平均	$/mm^2$	/kN	/MPa
低碳钢						
铸　铁						

六、思考题

1. 铸铁试件断口平面有何特征？是什么应力引起的？
2. 比较低碳钢拉伸与压缩的屈服极限。
3. 比较铸铁拉伸与压缩的强度极限。

§3－3　扭转实验

一、实验目的

1. 测定低碳钢的下屈服强度 τ_{eL} 、抗扭强度 τ_m 。
2. 测定铸铁的抗扭强度 τ_m 。
3. 比较两种材料的变形规律及破坏特征。

二、实验设备及仪器

微机控制电子扭转试验机，游标卡尺。

三、实验原理

扭转实验是对试样施加扭矩，至试样扭断，测量扭矩和其相应的扭角关系，可以测定工程材料在纯剪切情况的屈服强度 τ_{eL} 、抗扭强度 τ_m 等力学性能。实验按照金属材料室温实验国家标准 GB/T 10128—2007 进行，采用圆形截面的扭转试样，如图 3－3－1 所示。为防止试件在实验过程中打滑，试件两端的夹持段需要铣平。

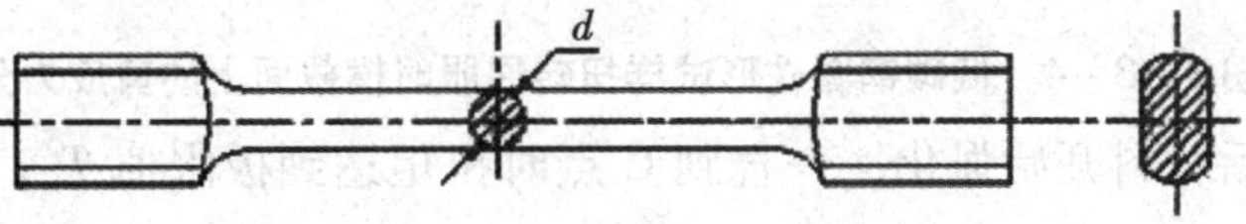

图 3－3－1　扭转试件图

低碳钢扭转实验

低碳钢扭转 $T-\varphi$ 曲线如图 3－3－2 所示，有弹性阶段，屈服阶段和强化阶段。试样承受的扭矩在剪切比例极限以内时，处于线弹性阶段 OA，切应力和切应变服从胡克定律，即

$$\tau = G\gamma \tag{3-3-1}$$

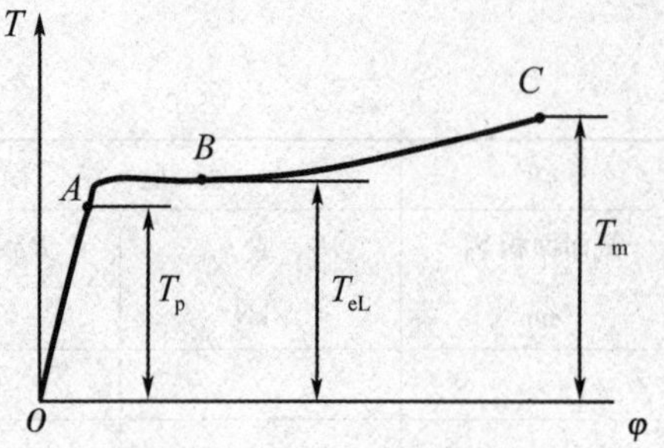

图3-3-2 低碳钢扭转曲线

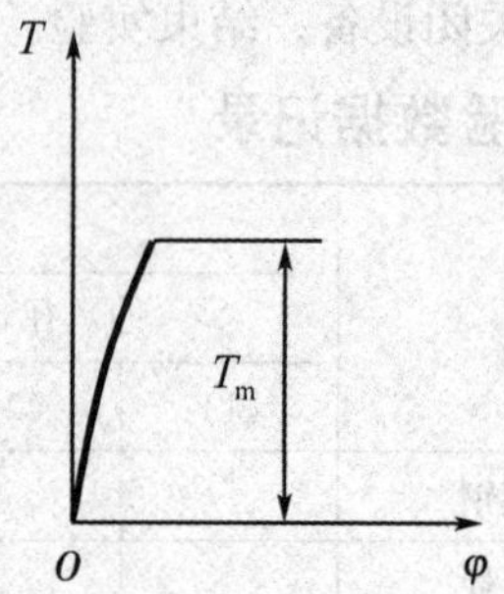

图3-3-3 铸铁扭转曲线

试样横截面上的切应力线性分布，如图3-3-4(a)所示。当扭矩超过 T_p，试件表面开始形成塑性区，转角越大，塑性区越深入到中心，横截面上的切应力变化如图3-3-4(b)和(c)所示，$T-\varphi$ 曲线开始平坦，一直到 B 点，可以近似的认为整个截面切应力都达到屈服极限 τ_{eL}。则

$$T_{eL} = \int_A \tau_{eL}\rho \mathrm{d}A = \tau_{eL}\int_A \rho \mathrm{d}A = \frac{4}{3}\tau_{eL}W_n \tag{3-3-2}$$

即

$$\tau_{eL} = \frac{3}{4}\frac{T_{eL}}{W_n} \tag{3-3-3}$$

其中

$$W_n = \frac{\pi d^3}{16} \tag{3-3-4}$$

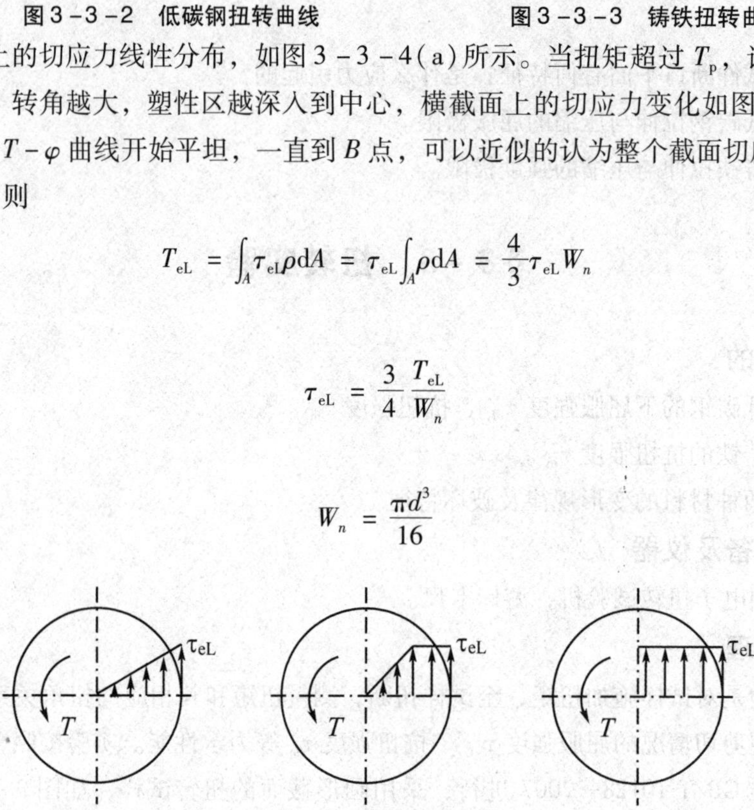

（a） $T=T_P$ （b） $T_P<T<T_{eL}$ （c） $T=T_{eL}$

图3-3-4 低碳钢圆柱形试样扭转屈服时横截面上的剪应力分布

变形过 B 点后材料开始强化，一直到C点时扭矩达到极限值 T_m。此时可以认为横截面上的切应力均达到强度极限 τ_m，试件被剪断。剪切强度极限 τ_m 近似值为

$$\tau_m = \frac{3}{4}\frac{T_m}{W_n} \tag{3-3-5}$$

铸铁扭转实验

铸铁扭转 $T-\varphi$ 曲线如图3-3-3所示，与其拉伸曲线相似，没有屈服阶段，破坏前塑性变形小，断裂时扭转角很小。铸铁的抗拉能力低于抗剪能力，45°方向上的拉应力最大，故扭转破坏时断口呈45°螺旋曲面，如图3-3-5所示。其抗扭强度极限为

$$\tau_m = \frac{T_m}{W_n} \tag{3-3-6}$$

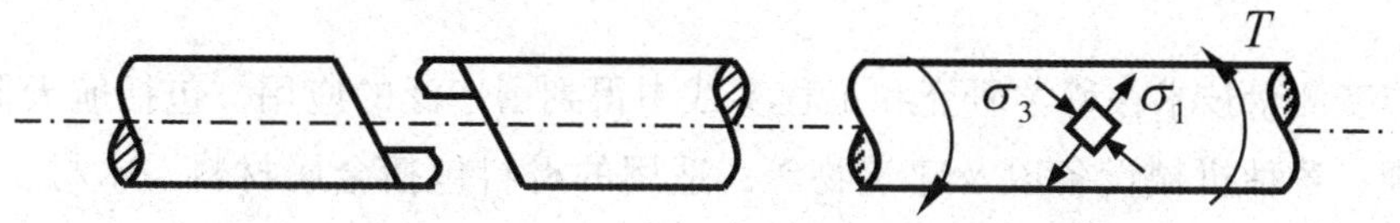

图3-3-5

四、实验步骤

1. 测量直径并记录；其测量方法与拉伸实验相同。在低碳钢试件上用粉笔画一轴向线，用以观察扭转变形。

2. 启动电脑，打开扭转试验机电源开关。

3. 打开控制软件并联机。

4. 按下试验机的“对正”按钮，并装夹试件。

5. 在控制界面的“试验部分”中选择“新实验”，根据试件材料确定相应的试验方案，输入试件尺寸，对扭矩和转角清零。

6. 点击扭转试验机“运行”按钮，开始对试件加载；注意观察实验现象。

7. 试件断裂后，试验机自动停止。点击软件“生成报告”选项，获得实验数据。

8. 取下试件，观察断口形貌。

9. 退出控制软件，关闭试验机及计算机，实验结束。

五、实验数据记录

材料	试验前									
	直径 d_0/mm									最小截面平均直径/mm
	截面Ⅰ			截面Ⅱ			截面Ⅲ			
	(1)	(2)	平均	(1)	(2)	平均	(1)	(2)	平均	
低碳钢										
铸　铁										

低碳钢：　T_{eL} =　　　　　N·m；　T_m =　　　　　N·m

铸　铁：　T_m =　　　　　N·m

六、思考题

1. 低碳钢和铸铁扭转时变形和破坏情况有何不同？试分析其破坏原因。

2. 根据拉伸、压缩和扭转的试验结果，分析塑性材料和脆性材料的力学性能。

3. 低碳钢在受扭转和受拉伸时其变形规律有何异同？铸铁在受扭转和受拉伸时其变形规律有何异同？

§3－4　电阻应变测量基本原理

电阻应变测量技术在科学研究和工程实践中得到了广泛的应用，包括航天器、桥梁、道路、大坝、各种机械设备以及建筑物等；适用的材料包括金属材料、木材、塑料、玻璃、石头及复合材料等。

电测法具有下列优点：

(1)测量灵敏度与精度高，其最小应变读数为 10^{-6}；

(2)频率响应好，可以测量从静态到数十万赫兹的动态应变；

(3)测量应变范围广，可在高(低)温、高速旋转、运动、高压液下等环境条件下进行测量。

电测法的局限性：

(1)测出的应变只能代表应变片栅长范围内的平均应变；

(2)应变片一般只能测构件表面应变，对结构内部的三维应力测量很难进行；

(3)对应力集中和应变梯度变化较大的部位的测量误差较大。

电阻应变测量由电阻应变片、电阻应变仪及记录器等部分组成，原理是将选好的电阻应变片粘贴在被测构件表面，当构件发生变形时，电阻应变片的阻值也随之发生相应的变化，通过电阻应变仪中的电桥，将此电阻值的变化转化为电压或电流的变化，并换算成应变值输出，再由应力－应变关系计算出应力值。

一、电阻应变片

电阻应变片是将应变转换成电阻变化的元件，把一根很细的具有高电阻率的金属丝在制片机上按一定顺序排绕制成敏感栅，并粘贴在基底和覆盖层之间，再焊上引出线，便成为常用的丝绕式应变片，如图 3－4－1 所示。

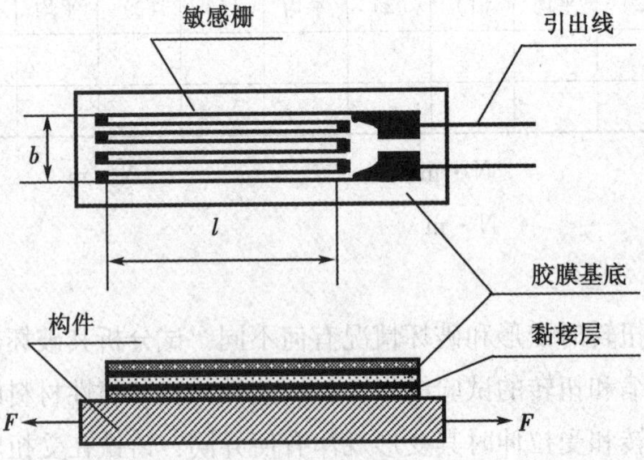

图 3－4－1

将应变片粘贴在构件表面被测点上，当构件受载后产生变形时，应变片中敏感栅随之发生相同的变形，由于金属丝在伸长(或缩短)时其电阻会发生相应的变化，因此，应变片

将构件的应变转为相应的电阻值变化，并且应变片的电阻变化率与应变成正比。即

$$\frac{\Delta R}{R} = K\varepsilon \qquad (3-4-1)$$

式中，R 为应变片的初始电阻值，ΔR 为应变片的电阻变化值，ε 为应变片的纵向应变值，K 为应变片的灵敏系数。

应变片的灵敏系数与敏感栅材料、加工工艺及所使用的粘接剂等因素有关，灵敏系数值由实验标定来确定。

二、电阻应变仪

1. 测量电路：

在电阻应变仪中，一般是通过电桥将应变片的电阻变化转换为电压或电流的变化。图 3-4-2 为直流电桥，其桥臂由 R_1、R_2、R_3 和 R_4 四个电阻组成，A、C 两端为电源端，其

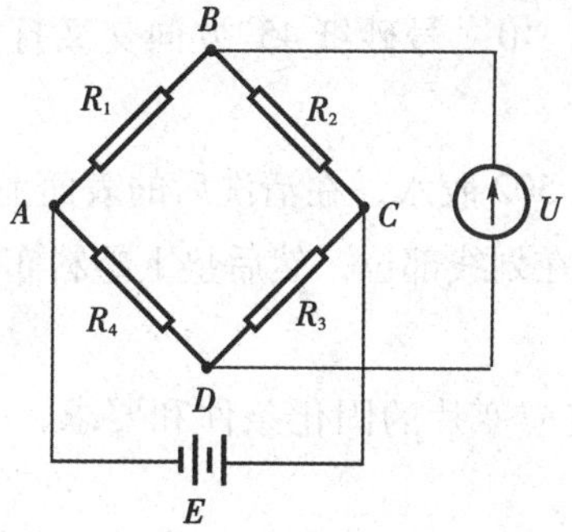

图 3-4-2

电压值为 E。B、D 两端为输出端，其输出电压为 U。根据电路计算 U 与 E 及各桥臂电阻的关系为

$$U = \frac{R_1R_3 - R_2R_4}{(R_1 + R_2)(R_3 + R_4)}E \qquad (3-4-2)$$

如果 $R_1R_3 = R_2R_4$，则 $U=0$，电桥处于平衡状态。若使 $R_1 = R_2 = R_3 = R_4$，或 $R_1 = R_2$ 且 $R_3 = R_4$，则满足平衡条件。如各桥臂电阻分别产生一微小增量 ΔR_1、ΔR_2、ΔR_3、ΔR_4，则电桥输出电压为

$$U = \frac{E}{4}\left(\frac{\Delta R_1}{R_1} - \frac{\Delta R_2}{R_2} + \frac{\Delta R_3}{R_3} - \frac{\Delta R_4}{R_4}\right) \qquad (3-4-3)$$

把式(3-4-1)代入式(3-4-3)得

$$U = \frac{EK}{4}(\varepsilon_1 - \varepsilon_2 + \varepsilon_3 - \varepsilon_4) \qquad (3-4-4)$$

如果把贴在受力物体上的工作应变片作为桥臂 R_1,其他桥臂的电阻不变，当工作应变片产生应变 ε_1 时，则式(3-4-4)可得

$$U = \frac{E}{4}K\varepsilon_1 \qquad (3-4-5)$$

测出 U 值后，便可求出 ε_1 的大小。

此外，在测量环境温度发生变化时，由于敏感栅的电阻效应(即金属丝电阻随温度变化的效应)及其与构件的线膨胀不同，均会使其电阻值发生变化，为测得构件的真实应变，必须消除这一影响。为此取一片与工作应变片相同的应变片，粘贴在与构件材料相同但不受力的构件上，使它与构件处在相同的温度环境下，此应变片称为温度补偿片，接在 BC 臂上。这样，由于温度变化而产生的电阻变化就被消除了。

在应变测量时，应变片的电阻变化十分微小，因此电桥输出电量很小，电阻应变仪的一项主要作用是将电量放大。

三、电阻应变片的粘贴步骤

1. 挑选应变片：用数字欧姆表测量各应变片的电阻值，选择电阻值差在 $\pm 0.2\Omega$ 内的电阻应变片，供粘贴用。

2. 清理表面：在测点处用“0”号砂纸 45°方向交叉打光，然后用丙酮或无水乙醇擦洗干净，并划线定位。

3. 涂胶粘贴：用准备好的 502 胶水，在清洗后的表面上涂上一薄层胶，在应变片的背面也涂上一层胶，将应变片贴在划线部位，然后垫上塑料布，用手指在应变片上滚动，将多余的胶和气泡挤压出去。

4. 根据选择的粘接剂确定应变片的固化条件和要求，一般选用室温可以固化的粘接剂。

5. 应变片焊接好后应及时涂上防护层，防止大气中水分或其他介质浸入。

6. 用兆欧表检查绝缘电阻，绝缘电阻需达到 $R = 500\text{M}\Omega$ 以上。

四、思考题

1. 温度补偿块的材料为什么要与试件材料相同?

2. 简述电测法基本原理。

3. 应变计测量的应变是下述三种情况中的那一种?

①栅长中心点处的应变；

②栅长长度内的平均应变；

③栅长两端点处的平均应变。

§3－5 弹性模量 E 及泊松比 μ 的测定

一、实验目的

1. 了解等强度梁的设计思想；

2. 了解电测方法的基本原理及熟悉电阻应变仪的使用；

3. 电测方法测定弹簧钢的弹性模量 E 和泊松比 μ。

二、实验设备

等强度梁实验器，静态电阻应变仪。

三、实验原理

等强度梁（如图 3－5－1 所示）是指在横力弯曲情况下，不同截面上的最大正应力相等的弯曲梁。梁的一端固定在支架上，另一端自由并加力。在距离加力点为 L 处取一点 A，在 A 点沿纵向和横向粘贴两枚电阻应变片（粘贴方法见实验 3－4），接入电阻应变仪的电桥。测出受力后 A 点的纵向应变 ε_x 和横向应变 ε_y。

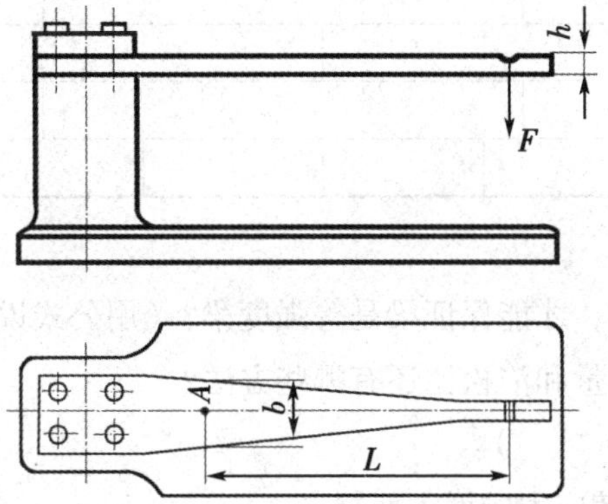

图 3－5－1

A 点处于单向应力状态，其轴向正应力：

$$\sigma_x = E \cdot \varepsilon_x = \frac{M}{W} \qquad (3-5-1)$$

其中弯矩

$$M = \Delta F \cdot L \qquad (3-5-2)$$

抗弯截面模量

$$W = \frac{bh^2}{6} \qquad (3-5-3)$$

泊松比

$$\mu = \left| \frac{\varepsilon_y}{\varepsilon_x} \right| \qquad (3-5-4)$$

四、实验步骤

1. 参照实验 3－4 在等强度梁 A 点粘贴好应变片，焊接导线，并组好桥路；
2. 打开电阻应变仪电源，各通道调平衡；
3. 实验采用分级加载，每级载荷为 20N，共分 4 级加载；
4. 依次记录每级载荷下应变仪相应通道的应变值；
5. 卸下载荷，并将砝码摆放整齐；
6. 关闭应变仪电源，整理好实验物品，结束实验。

五、实验数据记录

梁的尺寸：

宽度 $b=$　　mm；高 $h=$　　　　mm；　力臂 $L=$　　　　mm；

实验数据记录：

应变 $\varepsilon(1\times10^{-6})$

测点 \ 载荷	F/N	0	20	40	60	80	$\overline{\Delta\varepsilon}$
	ΔF/N						平均值
ε_x	读数 ε						
	$\Delta\varepsilon$						
ε_y	读数 ε						
	$\Delta\varepsilon$						

六、思考题

1. 如何设计梁的尺寸，才能保证梁是等强度梁？(用公式说明)
2. 测量材料的弹性模量和泊松比还有哪些方法？
3. 弹性模量的特点是(　　)。

A. 当 ε 一定时，它随应力的增大而提高；

B. 材料的弹性模量与应力的大小无关；

C. 应力—应变曲线开始直线段的斜率越大，弹性模量越大；

D. 试样截面尺寸越大，弹性模量越大。

§3-6　梁弯曲正应力测定

一、实验目的

1. 用电测法测定矩形截面梁在纯弯曲时，正应力在横截面上的分布规律；
2. 验证弯曲正应力公式；
3. 比较实验值与理论值，分析误差产生的原因；
4. 掌握电测法多点测量技术。

二、实验设备

材料力学综合实验台，电阻应变仪。

三、实验原理

材料力学综合实验台纯弯曲梁实验部分实验装置示意图如图 3-6-1 所示，梁中 CD 段为纯弯曲段，其弯矩为

$$M=\frac{F\cdot a}{2} \tag{3-6-1}$$

由弯曲正应力公式可得梁横截面上各点的正应力为

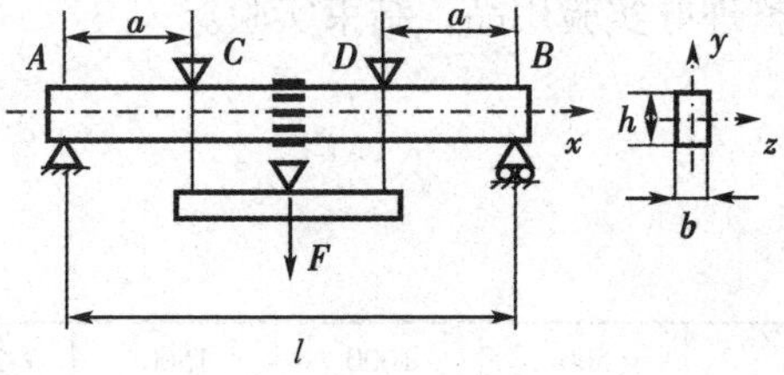

图 3-6-1

$$\sigma_i = \frac{My_i}{I_z} \tag{3-6-2}$$

式中 y_i 为该点距中性层的距离，I_z 为横截面对 z 轴的惯性矩，若横截面为矩形截面，则

$$I_z = \frac{bh^3}{12} \tag{3-6-3}$$

在纯弯曲段，纵向纤维只发生长度变化而互不挤压，处于单向应力状态。根据胡克定律，各点的正应力 σ_i 和线应变 ε_i 成正比：

$$\sigma_i = E \cdot \varepsilon_i \tag{3-6-4}$$

因此根据沿轴线方向粘贴距中性层不同距离 $\left(y_{1;5} = \mp \frac{h}{2},\quad y_{2;4} = \mp \frac{h}{4},\quad y_3 = 0\right)$ 的应变片（如图 3-6-2 所示）测得的应变值，确定弯曲正应力的分布，并验证弯曲正应力公式。

实验采取分级加载方法测试，每级增加载荷为 ΔF，各测点应变值相应增加 $\Delta\varepsilon_i$，各测点实验应力值相应增加为

$$\Delta\sigma_i = E \cdot \Delta\varepsilon_i \tag{3-6-5}$$

而各测点对应的理论应力值相应增加为

$$\Delta\sigma_i = \frac{\Delta M y_i}{I_z} \tag{3-6-6}$$

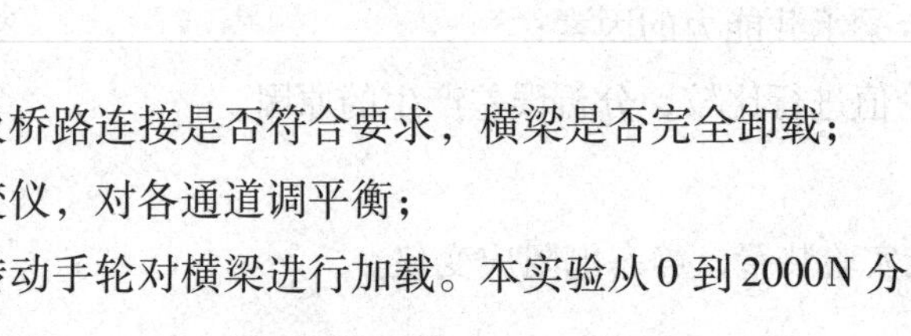

图 3-6-2

四、实验步骤

1. 检查应变片及桥路连接是否符合要求，横梁是否完全卸载；

2. 打开电阻应变仪，对各通道调平衡；

3. 逆时针缓慢转动手轮对横梁进行加载。本实验从 0 到 2000N 分 4 级加载，每级加载 500N；

4. 依次记录每级载荷下各测点的应变值；

5. 数据记录完毕后，顺时针转动手轮将载荷卸至 0N；

6. 关闭应变仪电源，整理好实验用品，结束实验。

五、实验数据记录

实验数据记录：

应变 ε（1×10^{-6}）

载荷 \ 应变测点							
载荷	F/N	0	500	1000	1500	2000	$\overline{\Delta\varepsilon}$ 各次平均值
应变测点	ΔF/N						
1	读数 ε						
	Δε						
2	读数 ε						
	Δε						
3	读数 ε						
	Δε						
4	读数 ε						
	Δε						
5	读数 ε						
	Δε						

六、思考题

1. 中性层在横截面上什么位置?
2. 随载荷逐级增加，应变如何变化?
3. 判断下列论述的正确性：

A. 纯弯曲时，不论材料是否处于弹性范围，变形后横截面仍然保持为平面(　)。

B. 纯弯曲时，变形后梁的横截面仍然垂直于变形后梁的轴线(　)。

C. 纯弯曲时，中性层的位置会发生变化(　　)。

§3－7　复合梁实验

一、实验目的

1. 用电测法测定矩形截面复合梁在纯弯曲时的正应力在横截面上的分布规律；
2. 总结影响复合梁承载能力的因素；
3. 实验值与理论值进行比较，分析误差产生的原因。

二、实验设备

材料力学多功能实验装置，静态电阻应变仪。

三、实验原理

本实验复合梁的复合形式为铝—钢模型。由于复合梁的层与层之间紧密连接而无滑动，可视为一个整体。梁弯曲时的平面假设仍可使用。由此可得出正应变 ε 沿梁高度方向

图 3-7-1　材料力学多功能实验装置

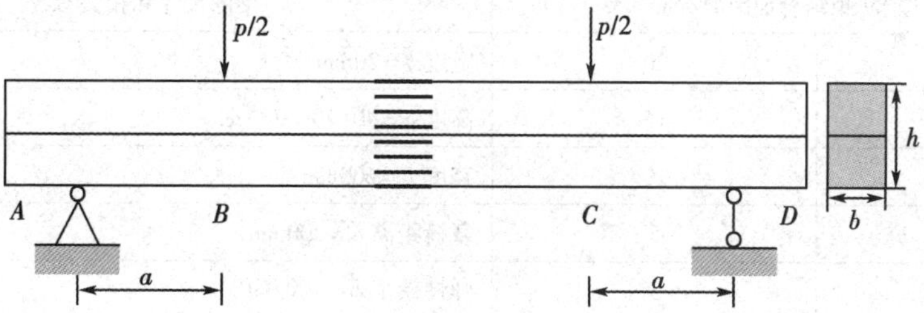

图 3-7-2　复合梁受力及贴片示意图

按同一斜率呈线性变化(图 3-7-3(b))。但由于各层材料弹性模量不同，正应力 σ 沿梁的高度方向以不同斜率成阶梯分布(图 3-7-3(c))。此时梁的正应力可以用相当截面法计算。相当截面即是将不同材料组成的截面按公式(3-7-1)计算：

$$b_2 = \frac{E_2}{E_1}b_1 \tag{3-7-1}$$

折算为(图 3-7-3(d))所示相当截面。其中 b_2 为折算后的宽度，E_1 为第 1 种材料的弹性模量，E_2 为第 2 种材料的弹性模量，b_1 为第 1 种材料的实际宽度。再按弯曲正应力公式计算相当截面正应力 σ' 。对于第 1 种材料计算应力 σ 即为实际应力，对于第 2 种材料将计算应力乘以 $\frac{E_2}{E_1}$ 后为其实际应力。

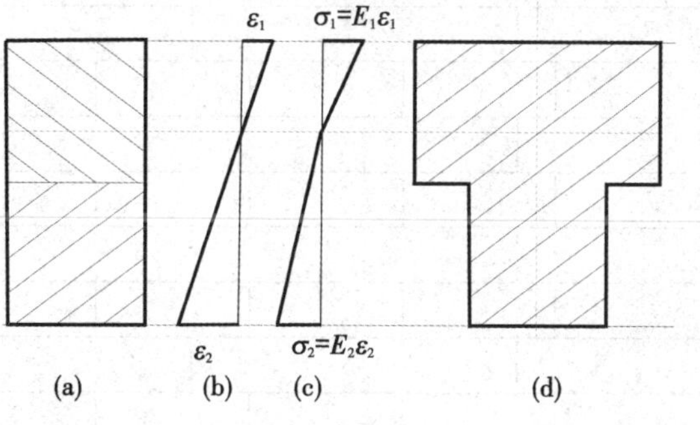

图 3-7-3

四、实验步骤

1. 接通电阻应变仪电源并调节测点平衡；

2. 轻轻触摸加载系统检查是否处于放松状态，如果处于放松状态将载荷显示清零；否则，卸下载荷再清零；

3. 缓慢加载。本实验分 4 级加载，每级载荷 300N，分别记录每级载荷下各点的应变值；

4. 测量结束后将载荷卸至为 0。关闭应变仪电源，整理好实验物品，结束实验。

五、实验数据记录

试件相关数据：

应变片位置(距结合面距离/mm)		梁的尺寸和相关参数
1	20	宽度 $b=20$mm
2	15	高度 $h=40(20+20)$mm
3	10	跨度 $L=600$mm
4	5	载荷距离 $a=200$mm
5	5	弹性模量 $E_1=207$GPa
6	10	弹性模量 $E_2=69$GPa
7	15	
8	20	

实验数据记录：

应变 ε（1×10^{-6}）

测点＼载荷	F(N)	0	300	600	900	1200	$\overline{\Delta\varepsilon}$
	ΔF(N)	300	300	300	300		各次平均值
1	读数 ε						
	$\Delta\varepsilon$						
2	读数 ε						
	$\Delta\varepsilon$						
3	读数 ε						
	$\Delta\varepsilon$						
4	读数 ε						
	$\Delta\varepsilon$						
5	读数 ε						
	$\Delta\varepsilon$						
6	读数 ε						
	$\Delta\varepsilon$						
7	读数 ε						
	$\Delta\varepsilon$						
8	读数 ε						
	$\Delta\varepsilon$						

六、思考题

1. 梁中性轴是否通过横截面形心？
2. 在梁弯曲理论中，梁正应力只与弯矩和截面尺寸有关，复合梁是否也一样？
3. 讨论复合梁的承载能力与哪些因素有关。

§3-8　薄壁圆筒在弯扭组合变形下的应力测定

一、实验目的

1. 了解弯扭组合变形形式；
2. 用电测法测定平面应力状态下薄壁圆筒的主应力大小和方向；
3. 了解应变花的应用，进一步熟悉电阻应变仪的操作。

二、实验设备

材料力学综合实验台、电阻应变仪。

三、实验原理

材料力学综合实验台弯扭组合实验装置如图 3-8-1 所示，薄壁圆筒的一端固定于支架上，另一端安装外伸力臂，力臂的自由端可以施加载荷。当在力臂的自由端施加载荷 F 时，圆筒产生弯曲和扭转的组合变形。薄壁圆筒的外径和内径分别为 D 和 d，加力点到圆筒中心距离为 a，测点 A 到力臂的距离为 L。A 点在弯扭组合变形下，处于平面应力状态。

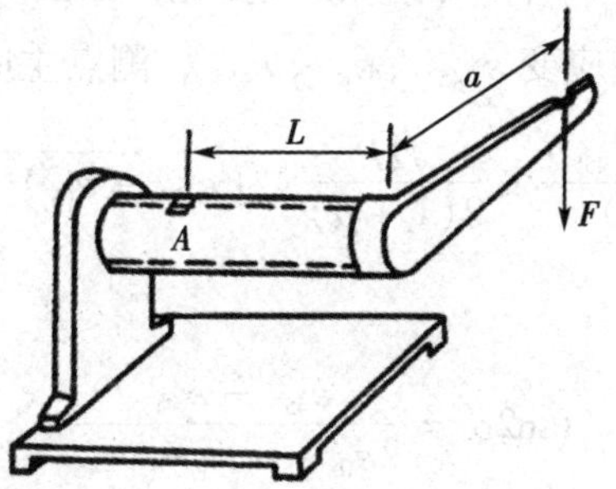

图 3-8-1　弯扭组合实验装置示意图

根据理论分析，A 点的弯曲正应力为

$$\sigma_x = \frac{F \cdot L}{W} \qquad (3-8-1)$$

式中抗弯截面模量 W 为

$$W = \frac{\pi D^3}{32}\left[1 - \left(\frac{d}{D}\right)^4\right] \qquad (3-8-2)$$

A 点的扭转剪应力为

$$\tau_{xy} = \frac{F \cdot a}{W_n} \qquad (3-8-3)$$

式中抗扭截面模量 W_n 为

$$W_n = 2W \tag{3-8-4}$$

A 点主应力大小为

$$\sigma_{1,3} = \frac{1}{2}\left(\sigma_x \pm \sqrt{\sigma_x^2 + 4\tau_{xy}^2}\right) \tag{3-8-5}$$

主方向为

$$\tan 2\alpha_0 = -\frac{2\tau_{xy}}{\sigma_x} \tag{3-8-6}$$

用实验方法测定薄壁圆筒在弯扭组合状态下表面某一点的主应力大小和方向，需要测量出该点三个方向应变，来确定其主应变 ε_1 、ε_3 的大小和方向，再利用广义胡克定律，计算主应力 σ_1 、σ_3 的大小和方向。

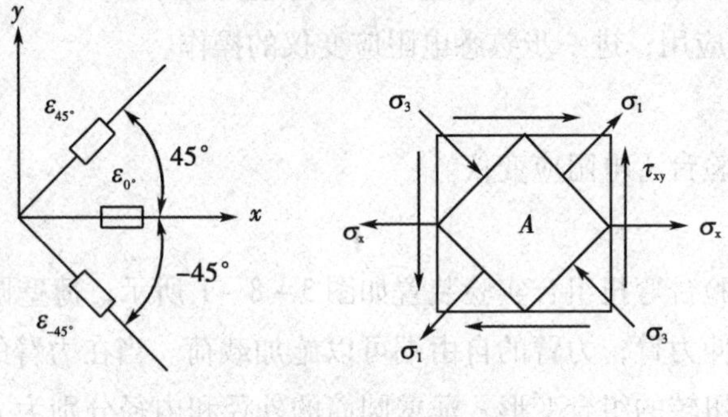

图 3-8-2

本实验中采用与 x 轴成 -45°、0°、45°的应变花，如图 3-8-2 所示，通过电阻应变仪分别测得沿此三个方向的线应变 $\varepsilon_{-45°}$ 、$\varepsilon_{0°}$ 、$\varepsilon_{45°}$ ，测点主应力的大小为

$$\left.\begin{matrix}\sigma_1\\ \sigma_3\end{matrix}\right\} = \frac{E(\varepsilon_{45°} + \varepsilon_{-45°})}{2(1-\mu)} \pm \frac{\sqrt{2}E}{2(1+\mu)}\sqrt{(\varepsilon_{45°} - \varepsilon_{0°})^2 + (\varepsilon_{-45°} - \varepsilon_{0°})^2} \tag{3-8-7}$$

主方向为

$$\tan 2\alpha = \frac{\varepsilon_{45°} - \varepsilon_{-45°}}{2\varepsilon_{0°} - \varepsilon_{45°} - \varepsilon_{-45°}} \tag{3-8-8}$$

四、实验步骤

1. 记录薄壁圆筒的内径 d、外径 D、臂长 a 以及距离 L；

2. 打开电阻应变仪电源，对各通道调平衡；

3. 顺时针旋转手轮进行加载，实验采用分级加载，每级载荷 $\Delta F = 100\text{N}$，分四级加载，注意加载时要平稳；

4. 依次记录每级载荷下应变仪相应通道的应变值；

5. 逆时针转动手轮，将载荷卸载为 0；

6. 关闭应变仪电源，整理好实验用品，结束实验。

五、实验数据与记录

实验器尺寸：

$D=$ ____mm；$d=$ ____mm；$a=$ ______mm；$L=$ ____mm；$E=$ ____GPa；$\mu=$ ______。

应变值 $\varepsilon(1\times10^{-6})$ 记录：

载荷 / 应变测点	F/N	0	100	200	300	400	$\overline{\Delta\varepsilon}$
	ΔF/N						各次平均值
ε_{-45°	读数 ε						
	$\Delta\varepsilon$						
ε_0	读数 ε						
	$\Delta\varepsilon$						
ε_{45°	读数 ε						
	$\Delta\varepsilon$						

六、思考题

1. 测点的位置能否靠近固定端？为什么？

2. 考虑横力弯曲对剪应力的影响，本实验薄壁筒截面哪一点的剪应力最大？为什么？

3. 在组合变形问题中可以用叠加原理，这是因为在小变形条件下，应力与载荷之间为(　　　)关系；而各基本变形之间是(　　　　　)。

§3－9　薄壁开口截面的弯曲中心测定

一、实验目的：

1. 用实验方法确定薄壁开口横截面的弯曲中心；

2. 计算弯曲中心理论值；

3. 培养学生理论知识与实际操作相结合的能力。

二、实验设备：

薄壁开口梁弯曲中心实验器、游标卡尺。

三、实验原理：

弯曲中心实验器主要由悬臂梁和底座等组成，图 3－9－1(a)为悬臂梁的示意图；梁的前端安置可移动的挂钩、悬吊以及角度盘。梁的横截面为槽形，如图 3－9－1(b)所示。

当梁的横截面没有纵向对称轴时，在载荷 F 作用下，梁通常将发生弯曲和扭转两种变形，即使载荷 F 的作用线通过形心主惯性轴也是如此。只有当载荷 F 的作用线通过横截面的某一特定点时，梁仅产生弯曲变形而不产生扭转变形。横截面的这一特定点被称为弯曲中心。

图 3－9－1(b)中的 C 点为横截面形心，y 轴和 z 轴为横截面的形心主惯性轴，A 点为弯曲中心。

槽形截面对中性轴 Z 的惯性矩约为

$$I_z\approx\frac{bth^2}{2}+\frac{th^3}{12}\qquad(3-9-1)$$

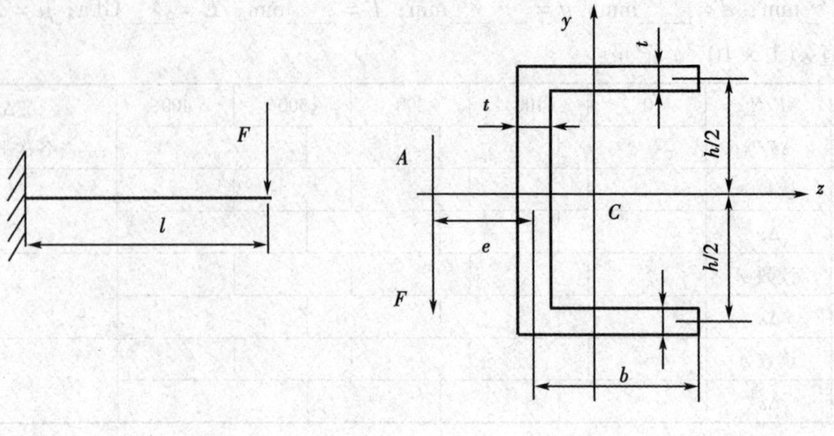

(a)　　　　(b)

图3-9-1

弯曲中心与腹板中心线的距离为

$$e=\frac{b^2h^2t}{4I_Z} \tag{3-9-2}$$

实验过程中采用适宜的实验方案来确定弯曲中心的位置，并用合理的测量方法测量 e 的实验值。

四、实验步骤

1. 首先了解弯曲中心实验器的结构原理。
2. 确定合适的实验方案。
3. 在挂钩上悬挂砝码，移动挂钩，找到弯曲中心的位置。
4. 画图表示测量过程，标出尺寸大小。
5. 用尺寸链标出 e 的大小。
6. 取下砝码，将实验物品摆放整齐，结束实验。

五、实验数据记录

梁截面尺寸：$t=1\text{mm}$　　$b=21.5\text{mm}$　　$h=21.5\text{mm}$

六、思考题

1. 弯曲中心的位置是否与载荷大小有关?
2. 试确定图示各截面形状梁的弯曲中心(C 为截面形心)。

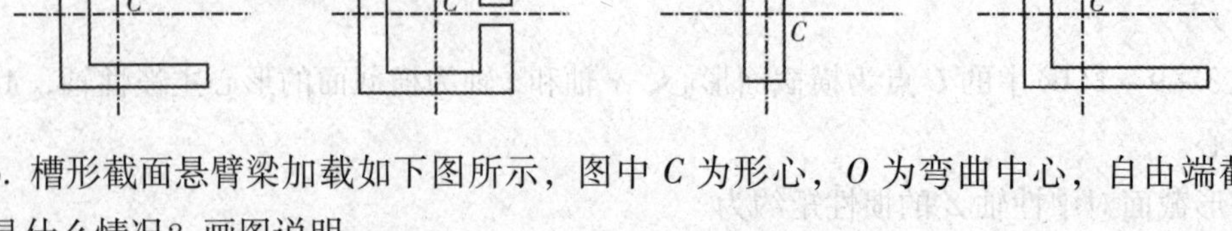

3. 槽形截面悬臂梁加载如下图所示，图中 C 为形心，O 为弯曲中心，自由端截面的位移是什么情况? 画图说明。

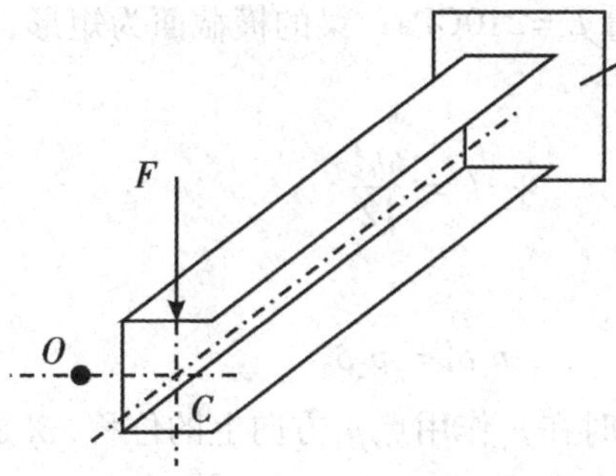

§3-10　功的互等定理实验

一、实验目的

1. 了解功的互等定理，并用实验方法验证功的互等定理；
2. 培养独立分析、解决问题的能力。

二、实验设备

互等定理实验器、百分表、磁力架、游标卡尺。

三、实验原理

互等定理实验器的装置简图如图 3-10-1 所示：

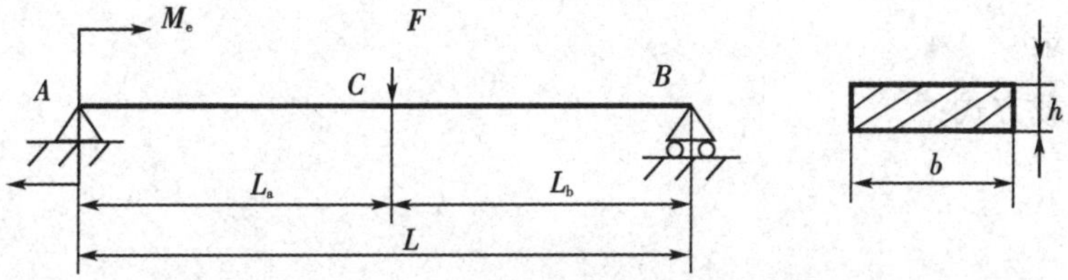

图 3-10-1　互等定理实验器的装置简图

仅在梁的 C 点施加集中力 F 时，则梁的挠曲线方程和 A 点的转角方程分别为

$$\omega = -\frac{FL_b x}{6EIL}(L^2 - x^2 - L_b^2) \quad 0 \leqslant x \leqslant L_a \qquad (3-10-1)$$

$$\omega = -\frac{FL_b}{6EIL}\left[\frac{L}{L_b}(x - L_a)^3 + (L^2 - L_b^2)x - x^3\right] \quad L_a \leqslant x \leqslant L \qquad (3-10-2)$$

$$\theta_A = -\frac{FL_a L_b (L + L_b)}{6EIL} \qquad (3-10-3)$$

仅在梁的 A 点施加集中力偶 M_e时，梁的挠曲线方程为

$$\omega = -\frac{M_e x}{6EIL}(L - x)(2L - x) \qquad (3-10-4)$$

根据上述方程组可以获得在梁上加载集中力 F 时，梁上任一点的位移以及 A 点的转角；还可以获得在 A 点处加载力偶 M_e时，梁上任一点的位移。

梁的材质为弹簧钢，弹性模量 $E = 210\text{GPa}$；梁的横截面为矩形，其横截面对中性轴的惯性距

$$I = \frac{bh^3}{12} \tag{3-10-5}$$

功的互等定理公式为

$$p_1\delta_1' = p_2\delta_2' \tag{3-10-6}$$

式中 p_1，p_2 为广义力，δ_1' 是 p_2 作用时在 p_1 作用点 p_1 方向上的位移，δ_2' 是 p_1 作用时在 p_2 作用点 p_2 方向上的位移。

功的互等定理即，第一组力在第二组力引起的位移上所做的功，等于第二组力在第一组力引起的位移上所做的功。

四、实验步骤

1. 了解互等定理实验器的结构；

2. 采用两种加载方式进行实验，一种加载方式为加载两次集中力；另一种加载方式为加载一次集中力以及加载一次力偶。

3. 分别用两个简图(参考图 3 - 10 - 1)，来记录加载方式和测量结果。

4. 取下砝码，整理实验装置。

五、实验数据记录

尺寸：b = __________mm；　h = __________mm

实验值记录

第一种加载方式：

第二种加载方式：

六、思考题

1. 在功的互等定理基础之上，叙述位移互等定理。

2. 简支梁上作用两个数值相等的力、力偶，试利用位移互等定理写出它们引起梁上哪点、什么变形相等？

§3－11　压杆稳定实验

构件由于失稳而破坏往往是突然发生的，产生的后果是灾难性，因此对压杆的稳定性应有足够的认识。横截面和材料都相同而长度不同的受压杆件，它们抵抗外力的能力性质会完全不同。短粗的压杆是强度问题，而细长压杆则是稳定问题。细长压杆的承载能力远低于短粗压杆。

一、实验目的

1. 学习用实验方法测定临界压力；
2. 观察不同约束情况下的失稳现象；
3. 将实测的临界压力与理论结果进行比较。

二、实验设备及仪器

压杆稳定实验器，位移传感器，计算机。

图 3－11－1　压杆稳定实验器

三、实验原理

如果材料是均匀的，压杆的轴线是理想直线，压力作用线与轴线重合。通过理论分析，可以得到细长杆($\lambda \geqslant \lambda_1$)的临界压力 F_{cr} 为

$$F_{cr} = \frac{\pi^2 EI}{(\mu l)^2} \tag{3-11-1}$$

若以横坐标表示中点的挠度 δ，纵坐标表示 F(图 3－11－2)，则当 F 小于 F_{cr} 时，杆的直线平衡是稳定的，$\delta=0$，F 与 δ 的关系为垂直的直线 OA；当 F 达到 F_{cr} 时，直线平衡变为不稳定的。过渡为曲线平衡后，F 与 δ 的关系为水平直线 AB。实际上压杆难免有初弯曲，压力偏心，材料不均匀等情况，实际 $F-\delta$ 曲线为 OC。受力开始时即出现挠度 δ，随着载荷的增加，挠度 δ 开始时增加较慢，载荷越接近临界压力 F_{cr}，δ 增加得越快。实际曲线的水平渐近线代表压杆的临界载荷。

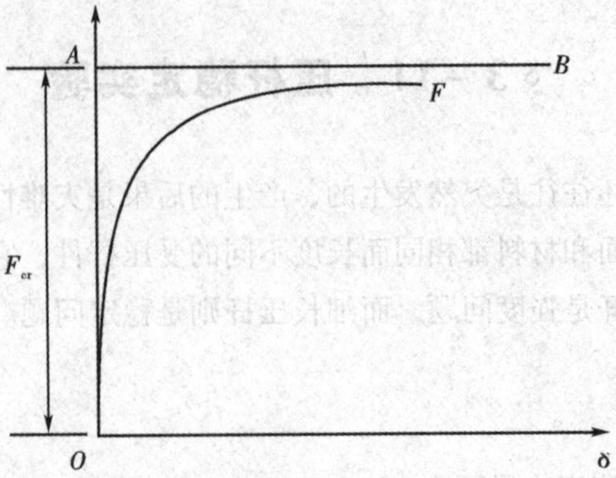

图 3－11－2

为保证试件失稳后不会由于弯曲过度而发生塑性变形，实验前应根据欧拉公式估算实验的最大许可载荷 F_{max}。并根据下式计算弹性范围允许的最大中点挠度 δ_{max}。

$$\sigma_{max} = \frac{F}{A} + \frac{F_{cr} \times \delta_{max}}{W}\sigma_P \tag{3-11-2}$$

四、实验步骤

1. 实验时，首先调整使实验装置中的上下约束支座，尽量消除初弯曲，偏心等影响实验精度的因素。为防止试件发生塑性变形，注意中点挠度的大小，决不要超过前面估算的 δ_{max}。

1. 打开电脑等设备电源，运行压杆稳定实验软件。

2. 选择一种压杆试件和对应约束支座，安装好试件。

注意：调整好上下约束支座位置，尽量消除初弯曲，偏心等影响实验精度的因素。

3. 连接位移传感器，转动手柄加载。

4. 观察试件及 $F-\delta$ 曲线变化情况，记录临界压力 F_{cr}。

注意：为防止试件发生塑性变形，中点挠度的大小，不要超过估算值 δ_{max}。

5. 卸下载荷，选择另两种试件重复 2 至 4 步操作。

6. 关闭电脑等设备电源，整理好实验用品，结束实验。

五、实验数据记录

试件尺寸：$h=$　　　mm，　$b=$　　　mm，　$l=$　　　mm

$E=206\text{GPa}$　　$\sigma_s=600\text{MPa}$

两端铰支临界载荷：　　　N，　一端固定一端铰支临界载荷：　　　N，

两端固定临界载荷：　　　N。

六、思考题

1. λ 是什么参量？取决于哪些因素？

2. 分析理论值与实验值出现差别的原因，怎样才能使差别减小？

3. 在不同支撑约束条件下，压杆弯曲形状有什么不同？与临界载荷有什么关系？

§3－12　刚架组合设计与应力分析实验

一、实验目的

1. 掌握超静定组合刚架的受力特点与工程应用；
2. 对压杆结构的承载力有进一步的认识；
3. 掌握超静定组合刚架的内力分析和超静定压杆结构的承载力分析方法；
4. 通过实验值与理论值的误差计算，分析误差产生的原因。

二、实验设备

材料力学综合设计实验装置，静态电阻应变仪。

1—桁架结构试件；2—桁架移动支架；3—纯弯曲梁试件；4—滑动导轨；5—空心圆管及附件；6—加载传感器；7—等强度梁试件；8—加载吊杆；9—加载手轮；10—加载传力机构；11—加载承重梁；12—拉伸试件；13—拉伸附件；14—移动脚轮

图 3－12－1　材料力学综合设计实验装置

三、实验原理

该实验采用实验台配套的组合梁、压杆和连接件搭接一个超静定组合结构。测量直梁和压杆的应变；计算截面应力；分析超静定次数；选择合适的方法计算直梁的截面内力和压杆的临界载荷。

材料力学综合设计实验装置提供了可以装配于刚架套筒中的两根梁：一根等截面直

1—刚架试件(压杆)；2—刚架立柱；3—加载梁；4—可调节刚架立柱固定座

图3-12-2 刚架组合设计与应力分析实验装置

梁，一根等强度梁，并在自由端设计好对接连接孔。若将两个刚架固定，装上一根直梁、一根等强度梁，不对接，则可构成两个独立的悬臂梁和等强度梁实验；若将它们对接，中间加载，则构成一次超静定组合梁；如果将一侧的固定解除，允许刚架立柱转动，在刚架立柱上换上合适的支座，装上一根压杆，就成为静定刚架和压杆的组合；装上两根压杆，则成为一次超静定刚架和压杆组合。因此，利用刚架、压杆可做出多种刚架内力分析和压杆刚架承载力分析实验。

四、实验步骤

1. 根据实验要求制定加载与测试方案，设计数据记录表格；

2. 调整刚架的固定方式，满足构件的约束要求；

3. 安装悬臂梁，利用合适的支座、压杆或刚架杆件搭接出设计结构，消除多余间隙，调整好连接的松紧和整体状态；

4. 接好应变测试桥路和载荷传感器连线，调整好应变仪状态；

5. 确定加载值。采用等增量分级加载，共分四级，并记录测量的应变值；

6. 实验结束后卸掉载荷至载荷显示窗口整数位显示为“0”，关闭应变仪，拆卸刚架，各杆件和其他零部件整理归位并摆放整齐，经指导教师检查合格后(包括测量数据)方可离开实验室。

五、实验数据记录

试件相关参数			
悬臂梁宽度 b_1	35mm	压杆直径 d	6mm
悬臂梁厚度 h_1	18mm	压杆支点距离 l_1；l_2	580；650mm
等强度梁宽度 b_2	35/12mm	弹性模量	206Gpa
等强度梁厚度 h_2	18mm	泊松比	0.26

自拟实验记录表格

六、思考题

1. 超静定结构中的多余约束是什么意思？在结构设计和求解超静定问题时，从多余约束能提供什么条件？

2. 做完超静定问题的计算之后，用平衡条件核算无误，就可以得出此解算正确的结论吗？为什么？

3. 列写构件或结构的变形协调条件时，要注意依据哪些原则。

§3－13　等强度梁冲击动应力及动荷系数测试实验

一、实验目的

1. 测量静态应变，通过对梁上不同位置表面应变的测量，进一步加深对等强度梁概念的理解。

2. 测量动应变，确定梁在冲击载荷作用下，梁的动应变与冲击物体高度之间的关系，计算动荷系数。

二、实验设备

等强度梁实验器，冲击动应变动荷系数测试仪。

三、实验原理

本实验装置由等强度梁装置和施加冲击载荷装置两部分组成，结构见图 3－13－1。其中，施加冲击载荷装置由一套连杆机构和两只半圆形卡环组成，在吊杆的侧面安置刻度尺，用于标识冲击物距离底端的垂直距离。在梁的上下表面沿轴向贴上电阻应变片，测出冲击应变和静载应变。应变信号接入动态应变测试仪和数据采集系统，用于记录和分析冲击应变数据。

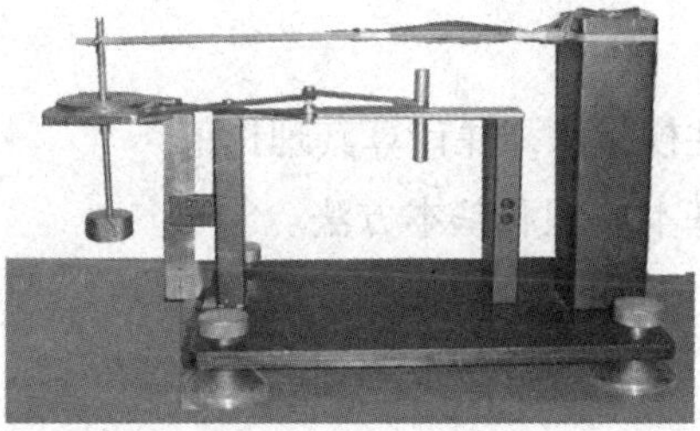

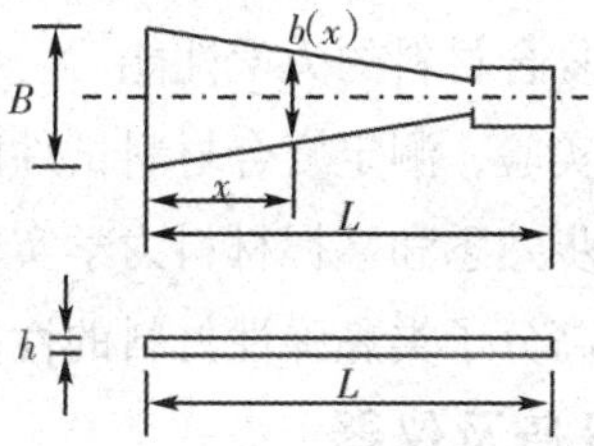

图 3－13－1

理论计算：梁的表面最大应变为

$$\varepsilon_j = \frac{6PL}{EBh^2} \tag{3-13-1}$$

动荷系数为

$$k_d = 1 + \sqrt{1 + \frac{2H}{\Delta_j}} \tag{3-13-2}$$

$$\Delta_j = y_{\max} = \frac{6PL^3}{EBh^3} \tag{3-13-3}$$

式中，H 为冲击高度。

四、实验步骤

1. 打开计算机，启动等强度梁冲击动应力及动荷系数测试软件；

2. 用鼠标点击联机按钮、设置半桥联接、清零；

3. 设置某一高度 H(共有六个不同高度)、放置砝码、点击开始按钮，待波形平稳后(大约经过40秒)按停止按钮；

4. 记录梁的固有频率及应变值。

五、实验数据记录

弹性模量 $E=70\text{GPa}$，冲击砝码质量 $m=200\text{g}$，最大宽度 $B=30\text{mm}$，长度 $L=300\text{mm}$，厚度 $h=4\text{mm}$。

1. 梁上表面不同位置上的应变；

2. 冲击载荷作用下，梁的动应变与高度之间的关系。

六、思考题

1. 动能和势能的变化是指哪个物体?

2. 变形能是指哪个物体?

3. 动荷系数中的静变形 Δ_{st} 与公式中 $\Delta_d=K_d\Delta_{st}$ 中的 Δ_{st} 是否是同一个静变形?

§3－14　复合材料力学性能分析实验

一、实验目的

1. 了解复合材料的组成及基本结构形式，认识复合材料的特点、特性。

2. 分析复合材料的力学性能。

3. 通过实验，测定复合材料试件的弹性模量 E，并计算其理论值。

4. 进一步熟悉和掌握材料力学实验的基本原理和基本方法。

5. 了解高分子类黏弹性材料的性能和力学行为，拓宽知识面。

二、实验设备及仪器

加力架，压力传感器，位移传感器，电子测试仪，游标卡尺。

三、实验原理

复合材料是由两种或两种以上不同性质的材料，通过物理或化学的方法，在宏观上组成具有新性能的材料。工程中常用的复合材料由基体和增强体组成。

实验中的试件由高分子类黏弹性材料组成。基体为高弹橡胶制作的长方体橡胶块，在橡胶块上加工有均匀分布的圆孔，如图3－14－1(a)所示；增强体为圆柱体状的弹性模量较高的聚氨酯，如图3－14－1(b)所示。将增强体圆柱嵌入基体的圆孔中，可以构成以橡胶为基体、聚氨酯为增强体的单向纤维复合材料力学模型。

实验过程中，对试件进行压缩加载，测量试件在增强体轴线方向的变形量，进而确定复合材料的弹性模量。

(a)橡胶块　　(b)聚氨酯棒

图 3-14-1

虽然复合材料并不满足材料力学中均质性的基本假设，但基于复合材料力学分析中的诸项假设，本节实验中依然采用材料力学的方法来确定复合材料弹性模量。其诸项假设如下：复合材料组分材料弹性模量比较接近，且为均质、线弹性和各向同性；增强体均匀分布；材料单向受力且处于小变形状态等。

根据胡克定律，材料在增强体轴线方向上弹性模量 E 的实验值为

$$E = \frac{FL}{S \cdot \Delta L} \tag{3-14-1}$$

式中 F 为沿增强体轴线方向对试件施加的载荷；L 为试件在增强体轴线方向的高度；ΔL 为试件在增强体轴线方向的变形；S 为试件的横截面积。

当图 3-14-1(a)和 3-14-1(b)组成的复合材料试件沿增强体轴线受压时，其增强体和基体沿该方向的应力 σ_f 和 σ_m 分别为

$$\sigma_f = E_f \cdot \varepsilon \tag{3-14-2}$$

$$\sigma_m = E_m \cdot \varepsilon \tag{3-14-3}$$

式中 E_f 和 E_m 分别为增强体和基体材料的弹性模量，其大小可根据式(3-14-1)用实验方法测定；ε 为试件轴线方向上的应变。

设试件横截面积为 A，增强体和基体的横截面积分别为 A_f 和 A_m，则

$$\sigma A = \sigma_f A_f + \sigma_m A_m \tag{3-14-4}$$

将式(3-14-2)和式(3-14-3)代入式(3-14-4)，得

$$E = E_f \frac{A_f}{A} + E_m \frac{A_m}{A} \tag{3-14-5}$$

当两种组分材料的弹性模量和相关尺寸确定后，可根据式(3-14-5)，确定复合材料在该方向弹性模量 E 的计算值。

复合材料具有与其组分材料不同的力学性能指标。改变基体中增强体材料、含量和分布，则可以改变复合材料的力学性能。实验设计了增强体数目不同的试件，分别进行测试和计算，便于分析比较。

四、实验步骤

1. 了解加力架的组成和使用方法，掌握载荷和试件变形的测量方法。

2. 测量各试件尺寸，确定加载方案。

3. 对试件施加大于1000N的预载，待电子测力仪显示数值稳定后，再卸载至实验的初始值。

4. 用增量法对试件逐级进行加载，并记录试件相应的变形量。

5. 更换不同试件，按上述步骤重新测试。

6. 测试完毕，取下试件；关闭电源；整理仪器及试件，实验结束。

注意事项

1. 加力架加载最大载荷不得超过3000N。

2. 试件放置时一定要将试件放入加载槽中，对正上、下压头。

3. 实验结束后，马上卸载，并取下试件。

五、实验数据

1. 试件尺寸(mm)

(1)基体有孔橡胶块：70×52×40；孔径：Φ8，见图3-14-1(a)。

(2)增强体圆柱形聚氨酯：Φ8×40，见图3-14-1(b)。

将上述两者组装在一起，构成复合材料力学模型试件。

(3)长方体无孔橡胶块：70×52×40。

(4)圆柱形聚氨酯棒：$\Phi 34.5\times 40$。

2. 实验数据记录

见实验报告附表。

六、思考题

1. 工程中常用复合材料是由________和________组成的。复合材料的弹性模量是否与其组分材料的相同?

2. 复合材料是各向同性的吗？为什么可以用材料力学的方法去处理复合材料的问题?

3. 复合材料具有可设计性，如何提高其力学性能?

§3-15 冲击实验

一、实验目的

1. 了解冲击韧度的概念，测定低碳钢和铸铁的冲击韧度；

2. 观察两种材料冲击破坏后的断口形貌，加深对两种材料力学性质的认识。

二、实验设备

微机控制摆锤式冲击试验机、游标卡尺。

三、实验原理

冲击实验是测定材料在冲击载荷下的力学性能实验，材料抵抗冲击性能的指标用冲击韧度 α_k 表示。测定金属材料的冲击韧度，特别是材料有较好的塑性时，需采用标准试件。标准试件应有足够厚度，保证试件在冲击时的应力状态为平面应变状态。标准试件中应有切口，试件中的切口可使能量高度集中在切口附近，形成应力集中，便于试件破裂。本实验采用 GB/T229－2007《金属材料夏比摆锤冲击试验方法》。试件尺寸、安放和冲击原理如图 3－15－1 所示。

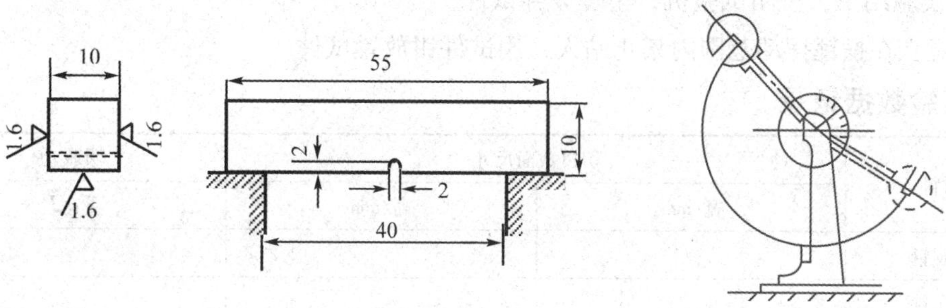

图 3－15－1　冲击试样及冲击原理

冲击韧度等于冲击试样切口处单位面积上消耗的冲击功，常用单位为 J/mm^2。使用 U 形试件测得冲击韧度值 α_k 为

$$\alpha_k = \frac{W}{A} \tag{3-15-1}$$

式中 W 为冲击试件消耗的能量，既摆锤的位能差；A 为试件切口处面积。

试件的断口形貌如图 3－15－2 所示，试件断口呈晶粒状时为脆性断口；断口呈纤维状时为塑性断口；断口处既有晶粒状，又有纤维状时为部分脆性断口。对于某些金属，常温状态下表现为塑性，而在温度较低时表现为脆性，这种现象称为冷脆现象。材料从塑性状态转变为脆性状态时的临界温度称为转变温度，简称为 FATT（断口形貌转变温度，change temperature）。确定金属材料的转变温度时，可用一组 V 形制品试件在不同温度下进行冲击实验，对于低、中强度体心立方金属（bcc）以及其合金材料，把实验中最大 α_k 值的 40% 或最大与最小 α_k 值的平均值所对应的温度作为转变温度；对于低、中强度面心立方金属（fcc）以及其合金材料，把实验中 50% 断口面积呈晶粒状时的温度作为转变温度。体心立方金属与面心立方金属 α_k 值随温度变化的实验曲线如图 3－15－3 所示。

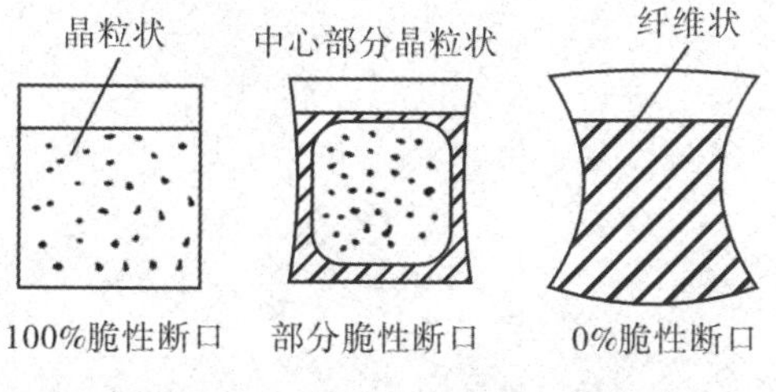

图 3－15－2　冲击试件断口形貌图

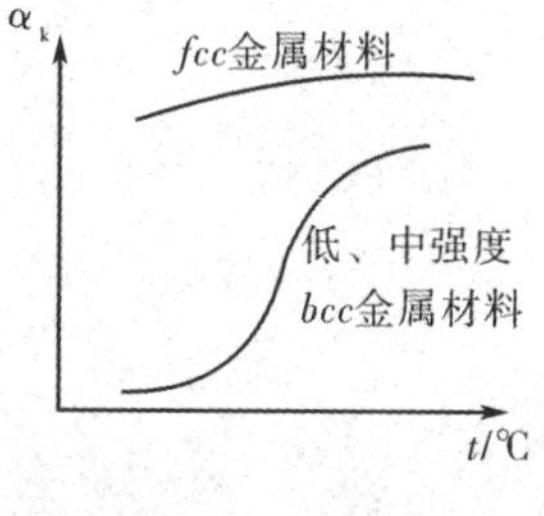

图 3－15－3　α_k 值随温度变化曲线

四、实验步骤

1. 打开试验机电源开关，启动试验机；
2. 进入试验模式，选择手动试验；
3. 设置取摆角度，输入实验试件参数，并取摆；
4. 放置实验试件；
5. 冲击试件，读取吸收功，观察试件断口；
6. 实验结束，关闭试验机，整理废弃试件。

注意：在摆锤摆动范围内禁止站人，用试件钳放置试件。

五、实验数据记录

材料	切口截面尺寸		吸收功
	宽/mm	高/mm	W_1/J
低碳钢			
铸　铁			

六、思考题

1. 测定冲击韧性在工程上有何意义？
2. 冲击试件为什么要预制切口？
3. 比较低碳钢和铸铁试样受冲击破坏后的断口形貌，说明有何不同？

参 考 文 献

[1]哈尔滨工业大学理论力学教研室. 理论力学Ⅰ，Ⅱ［M］. 北京：高等教育出版社，2016.
[2]刘鸿文. 材料力学Ⅰ，Ⅱ［M］. 北京：高等教育出版社，2011.
[3]张大志，郁世刚，王翀，等. 力学实验指导书［M］. 沈阳：东北大学出版社，2011.
[4]GB/T228. 1—2010 金属材料室温拉伸试验方法.
[5]GB/T7314—2005 金属材料压缩试验方法.
[6]GB/T 10128—2007 金属材料室温扭转试验方法.
[7]GB/T229—2007 金属材料夏比摆锤冲击试验方法.

附录　力学实验报告

冲击实验

班级： 学号： 姓名： 同作者：

预习部分：

一、实验目的

二、实验设备

三、实验原理

四、实验步骤

五、实验原始数据记录

（指导教师签字：　　　　　月　日）

材料	切口截面尺寸			吸收功	冲击韧性
	宽/mm	高/mm	面积/mm^2	W_1/J	$\alpha_k = \frac{W_1}{A}$
低碳钢					
铸　铁					

六、实验数据分析

七、思考题

○////////○////////○////////　线　○　订　○　装　○　封　○　密　○////////○////////○////////

复合材料力学性能分析实验

班级：　　　　学号：　　　　姓名：　　　　同作者：

预习部分：

一、实验目的

二、实验设备

三、实验原理

四、实验步骤

五、实验原始数据记录

（指导教师签字：　　　　　　月　　日）

试件尺寸(mm)：基体有孔橡胶块：70 × 52 × 40，孔径：ϕ 8；增强体圆柱形聚氨酯：ϕ 8 × 40；圆柱形聚氨酯棒：ϕ 34.5 × 40，长方体无孔橡胶块：70 × 52 × 40。

表 1

试件及材料	4 孔 复 合	
载荷 F/N	位移 L/mm	差数 ΔL
400		
500		
600		
700		
800		
900		
1000		
差数平均值		

表 2

试件及材料	8 孔 复 合	
载荷 F/N	位移 L/mm	差数 ΔL
400		
500		
600		
700		
800		
900		
1000		
差数平均值		

表 3

试件及材料	无孔橡胶块	
载荷 F/N	位移 L/mm	差数 ΔL
400		
500		
600		
700		
800		
900		
1000		
差数平均值		

表 4

试件及材料	圆柱聚氨酯	
载荷 F/N	位移 L/mm	差数 ΔL
400		
500		
600		
700		
800		
900		
1000		
差数平均值		

六、实验数据分析

七、思考题

等强度梁冲击动应力及动荷系数测试实验

班级：　　　　　学号：　　　　　姓名：　　　　　同作者：

预习部分：

一、实验目的

二、实验设备

三、实验原理

四、实验步骤

五、实验原始数据记录　　　　　　　　　　（指导教师签字：　　　　　月　　日）

$E=70\text{GPa}$，砝码质量 $m=200\text{g}$，$h=4\text{mm}$，$B=30\text{mm}$（及 $B=300\text{mm}$）

六、实验数据分析

1. 梁冲击动荷系数

实验值：

理论计算值：

2. 梁上表面的应变测量

实验值：

理论值：

七、思考题

刚架组合设计与应力分析实验

班级：　　　　　　学号：　　　　　　姓名：　　　　　　同作者：

预习部分：

一、实验目的

二、实验设备

三、实验原理

四、实验步骤

五、实验原始数据记录

（指导教师签字：　　　　月　　日）

（1）画出结构受力分析图，并标注测点位置。

（2）实验数据记录（自拟表格）

六、实验数据分析（写出公式及主要计算过程）

（1）应力实验值

（2）应力理论值

（3）误差计算与分析

七、思考题

压杆稳定实验

班级： 学号： 姓名： 同作者：

预习部分：

一、实验目的

二、实验设备

三、实验原理

四、实验步骤

五、实验原始数据记录 （指导教师签字：　　　　月　　日）

试件尺寸：$h=$ 　　mm，$b=$ 　　mm，$l=$ 　　mm。

装夹方式	临界载荷/N
两端铰支	
一端固定一端铰支	
两端固定	

六、实验数据分析

（实验值，理论值的计算要写出公式及主要计算步骤）

七、思考题

密 ○ 封 ○ 装 ○ 订 ○ 线

功的互等定理实验

班级： 学号： 姓名： 同作者：

预习部分：

一、实验目的

二、实验设备

三、实验原理

四、实验步骤

五、实验原始数据记录　　（指导教师签字：　　　　　月　　日）

梁的尺寸及材料常数：$b =$　　mm；　　$h =$　　mm

第一种加载方式：

第二种加载方式：

六、实验数据分析

计算实验值、理论值，分析误差产生的原因。

七、思考题

薄壁开口截面的弯曲中心测定

班级：　　　　学号：　　　　姓名：　　　　同作者：

预习部分：

一、实验目的

二、实验设备

三、实验原理

四、实验步骤

五、实验原始数据记录

（指导教师签字：　　　　　　月　日）

梁截面尺寸：$t=1\text{mm}$　　$b=21.5\text{mm}$　　$h=21.5\text{mm}$（画图表示测量过程）

六、实验数据分析

计算实验值、计算理论值，分析误差产生的原因。

七、思考题

薄壁圆筒在弯扭组合变形下的应力测定

班级：　　　　学号：　　　　姓名：　　　　同作者：

预习部分：

一、实验目的

二、实验设备

三、实验原理

四、实验步骤

五、实验原始数据记录　　　　（指导教师签字：　　　　月　　日）

$D=$　　mm；$d=$　　mm；$a=$　　mm；$L=$　　mm，$E=70\text{GPa}$，$\mu=0.31$

应变值 $\varepsilon(1\times10^{-6})$ 记录：

载荷 / 应变测点	F/N	0	100	200	300	400	$\overline{\Delta\varepsilon}$ 各次平均值
	ΔF/N						
$\varepsilon_{-45°}$	读数 ε						
	$\Delta\varepsilon$						
ε_0	读数 ε						
	$\Delta\varepsilon$						
$\varepsilon_{45°}$	读数 ε						
	$\Delta\varepsilon$						

六、实验数据分析(公式及主要计算步骤)

(1)实验值计算

$\sigma_1=$

$\sigma_3=$

$\alpha=$

(2)理论值计算

$\sigma_1=$

$\sigma_3=$

$\alpha=$

七、思考题

密　封　装　订　线

复合梁实验

班级:　　　　学号:　　　　姓名:　　　　同作者:

预习部分:

一、实验目的

二、实验设备

三、实验原理

四、实验步骤

五、实验原始数据记录 （指导教师签字： 月 日）

1. 应变 $\varepsilon(1\times10^{-6})$

测点＼载荷							$\overline{\Delta\varepsilon}$ 各次平均值
	F/N	0	300	600	900	1200	
	ΔF/N	300	300	300	300		
1	读数 ε						
	$\Delta\varepsilon$						
2	读数 ε						
	$\Delta\varepsilon$						
3	读数 ε						
	$\Delta\varepsilon$						
4	读数 ε						
	$\Delta\varepsilon$						
5	读数 ε						
	$\Delta\varepsilon$						
6	读数 ε						
	$\Delta\varepsilon$						
7	读数 ε						
	$\Delta\varepsilon$						
8	读数 ε						
	$\Delta\varepsilon$						

2. 基本尺寸(参见实验指导)

六、实验数据分析(写出主要公式及计算过程，可另附纸)

应力实验值：

应力理论值：

误差计算与分析：

七、思考题

密　封　装　订　线

梁弯曲正应力测定

班级：　　　　学号：　　　　姓名：　　　　同作者：

预习部分：

一、实验目的

二、实验设备

三、实验原理

四、实验步骤

五、实验原始数据记录 （指导教师签字： 月 日）

(1)梁的尺寸：宽度 $b=20$ mm；梁高 $h=40$ mm；跨度 $l=600$mm；弯矩 $a=200$ mm；测点距轴 z 距离：$y_1=-\frac{h}{2}=-20$ mm；$y_2=-\frac{h}{4}=-10$ mm；$y_3=0$ mm；$y_4=\frac{h}{4}=10$ mm；$y_5=\frac{h}{2}=20$ mm；弹性模量：$E=207$GPa。

(2)应变 $\varepsilon(1\times10^{-6})$

应变测点 \ 载荷	F/N	0	500	1000	1500	2000	$\overline{\Delta\varepsilon}$ 各次平均值
	ΔF/N						
1	读数 ε						
	$\Delta\varepsilon$						
2	读数 ε						
	$\Delta\varepsilon$						
3	读数 ε						
	$\Delta\varepsilon$						
4	读数 ε						
	$\Delta\varepsilon$						
5	读数 ε						
	$\Delta\varepsilon$						

六、实验数据分析(写出主要公式及计算过程，可另附纸)

应力实验值：

应力理论值：

分别描绘应力实验值和理论值沿梁横截面高度的分布图

七、思考题

弹性模量 E 及泊松比 μ 的测定

班级： 学号： 姓名： 同作者：

预习部分：

一、实验目的

二、实验设备

三、实验原理

四、实验步骤

五、实验原始数据记录

（指导教师签字：　　　　　月　　日）

梁的尺寸：

宽度 $b =$ 　mm；　高 $h =$ 　mm；　　力臂 $L =$ 　mm；

应变 $\varepsilon(1\times10^{-6})$

载荷 / 应变测点	m/kg	0	2	4	6	8	$\overline{\Delta\varepsilon}$
	Δm/kg						平均值
ε_x	读数 ε						
	$\Delta\varepsilon$						
ε_y	读数 ε						
	$\Delta\varepsilon$						

六、实验数据分析

计算结果：

$\mu =$

$E =$

七、思考题

扭 转 实 验

班级：　　　　　　学号：　　　　　　姓名：　　　　　　同作者：

预习部分：

一、实验目的

二、实验设备

三、实验原理

四、实验步骤

五、实验原始数据记录

（指导教师签字：　　　　　　月　　日）

<table>
<tr><td rowspan="3">材料</td><td colspan="9">直　径 d_0/mm</td><td rowspan="3">最小截面
平均直径
/mm</td></tr>
<tr><td colspan="3">截面Ⅰ</td><td colspan="3">截面Ⅱ</td><td colspan="3">截面Ⅲ</td></tr>
<tr><td>（1）</td><td>（2）</td><td>平均</td><td>（1）</td><td>（2）</td><td>平均</td><td>（1）</td><td>（2）</td><td>平均</td></tr>
<tr><td>低碳钢</td><td></td><td></td><td></td><td></td><td></td><td></td><td></td><td></td><td></td><td></td></tr>
<tr><td>铸　铁</td><td></td><td></td><td></td><td></td><td></td><td></td><td></td><td></td><td></td><td></td></tr>
</table>

低碳钢：　T_{eL} =　　　　　　N · m；　　T_m =　　　　　　N · m

铸　铁：　T_m =　　　　　　N · m

六、实验数据分析

低碳钢：

$$W_n = \frac{\pi d^3}{16} =$$

$$\tau_{eL} = \frac{3}{4}\frac{T_{eL}}{W_n} = \qquad\qquad \tau_m = \frac{3}{4}\frac{T_m}{W_n} =$$

铸　铁：

$$W_n = \frac{\pi d^3}{16} =$$

$$\tau_m = \frac{T_m}{W_n} =$$

七、思考题

密 ○ 封 ○ 装 ○ 订 ○ 线

压缩实验

班级：　　　　学号：　　　　姓名：　　　　同作者：

预习部分：

一、实验目的

二、实验设备

三、实验原理

四、实验步骤

五、实验原始数据记录

（指导教师签字：　　　　月　　日）

材料	实验前				实验结果	
	直径 d_0 /mm			截面面积 S_0 /mm^2	F_{eLc}或F_{mc} /kN	R_{eLc}或R_{mc} /MPa
	（1）	（2）	平均			
低碳钢						
铸 铁						

六、实验数据分析

低碳钢屈服极限：

$$R_{eLc} = \frac{F_{eLc}}{S_0}$$

铸铁压缩强度极限：

$$R_{mc} = \frac{F_{mc}}{S_0}$$

七、思考题

拉伸实验

班级： 学号： 姓名： 同作者：

预习部分：

一、实验目的

二、实验设备

三、实验原理

四、实验步骤

五、实验原始数据记录 （指导教师签字： 月 日）

<table>
<tr><td rowspan="4">材 料</td><td colspan="11">实 验 前</td></tr>
<tr><td rowspan="3">标距 L_0/mm</td><td colspan="9">直径 d_0/mm</td><td rowspan="3">横截面面积 S_0/mm^2</td></tr>
<tr><td colspan="3">截面Ⅰ</td><td colspan="3">截面Ⅱ</td><td colspan="3">截面Ⅲ</td></tr>
<tr><td>(1)</td><td>(2)</td><td>平均</td><td>(1)</td><td>(2)</td><td>平均</td><td>(1)</td><td>(2)</td><td>平均</td></tr>
<tr><td>低碳钢</td><td>80.00</td><td></td><td></td><td></td><td></td><td></td><td></td><td></td><td></td><td></td><td></td></tr>
<tr><td>铸 铁</td><td></td><td></td><td></td><td></td><td></td><td></td><td></td><td></td><td></td><td></td><td></td></tr>
<tr><td rowspan="3">材 料</td><td colspan="11">实验后</td></tr>
<tr><td rowspan="2">标距 L_u/mm</td><td colspan="9">断口直径 d_1/mm</td><td>断口横截面面积</td></tr>
<tr><td colspan="3">(1)</td><td colspan="3">(2)</td><td colspan="3">平均</td><td>S_1/mm^2</td></tr>
<tr><td>低碳钢</td><td></td><td colspan="3"></td><td colspan="3"></td><td colspan="3"></td><td></td></tr>
</table>

低碳钢： $F_{eL}=$ kN， $F_m=$ kN

铸 铁： $F_m=$ kN

六、实验数据分析

1. 计算结果

低碳钢：$R_{eL}=\dfrac{F_{eL}}{S_0}=$ MPa； $R_m=\dfrac{F_m}{S_0}=$ MPa

$A=\dfrac{L_u-L_0}{L_0}\times100\%=$ $Z=\dfrac{S_0-S_u}{S_0}\times100\%=$

铸 铁： $R_m=\dfrac{F_m}{S_0}=$ MPa

2. 绘制低碳钢和铸铁试件的 $F-\Delta l$ 曲线及断口形貌。

七、思考题

振型研究实验

班级：　　　　学号：　　　　姓名：　　　　同作者：

预习部分：

一、实验目的

二、实验设备

三、实验原理

四、实验步骤

五、实验原始数据记录　　　　（指导教师签字：　　　　月　日）

各阶振型图

六、思考题

单圆盘转子临界转速的测量实验

班级：　　　　学号：　　　　姓名：　　　　同作者：

预习部分：

一、实验目的

二、实验设备

三、实验原理

四、实验步骤

五、实验原始数据记录(指导教师签字：　　　　月　　日)

临界转速测量表

测量次数	一	二	三	均值
临界转速				

转轴基本尺寸：

圆盘直径 $D=$　　　　　　　　圆盘厚度 $A=$

轴的直径 $d=$　　　　　　　　轴的长度 $l=$

弹性模量 $E=$

钢的密度 $\rho=$

六、实验数据分析

理论值：$n_n=$

误　差：$\Delta=$

七、思考题

简支梁振动特性的研究

班级：　　　　　　学号：　　　　　　姓名：　　　　　　同作者：

预习部分：

一、实验目的

二、实验设备

三、实验原理

四、实验步骤

五、实验原始数据记录

（指导教师签字：　　　　　　月　　日）

1. 频率、力、位移、速度、加速度幅值

f = ________ Hz　　F = ________N　　x = ______mm

V = ________cm/s　　a = ______m/s^2

2. 用正弦曲线表示的各参数之间的相位草图

3. 频率响应函数草图

六、实验数据分析

1. 分析各参数之间的相位关系

2. 前四阶固有频率值分别为

七、思考题

单自由度系统固有频率及阻尼系数的测定

班级：　　　　学号：　　　　姓名：　　　　同作者：

预习部分：

一、实验目的

二、实验设备

三、实验原理

四、实验步骤

五、实验原始数据记录　　　　（指导教师签字：　　　　月　日）

1. 固有频率的测量

频率/Hz										
振幅/mm										

2. 频率测量

$f=$ ________ Hz　　　　$f_{测}=$ ________ Hz

3. 衰减振动曲线

①$T_1=$ ________（ms）　　$A_1=$ ______（v）

$T_2=$ ________（ms）　　$A_2=$ ______（v）

②$T_1=$ ________（ms）　　$A_1=$ ______（v）

$T_2=$ ________（ms）　　$A_2=$ ______（v）

六、实验数据分析

1. 阻尼系数的计算

① $n=$

② $n=$

2. 幅频特性曲线

固有频率 $f_n=$

3. 频率测量

$f=$　　$f_{测}=$　　　　误　差 $\Delta=$

七、思考题

密○封○装○订○线

简谐振动的基本参数测量及振动传感器的标定

班级：　　　　　学号：　　　　　姓名：　　　　　同作者：

预习部分：

一、实验目的

二、实验设备

三、实验原理

四、实验步骤

五、实验原始数据记录　　　　（指导教师签字：　　　　月　　日）

1. 传感器标定

测量次数		一	二	三
REF 状态	振动频率/Hz			
	标准加速度/ms^{-2}			
PE 状态	输出电荷量/pC			
计算灵敏度(pC/ms^{-2})				

2. 振动基本参数测量值

振动频率 f = ________ Hz　　振　幅 x = ______ mm

速　度 V = ________ cm/s　　加速度 a = ______ m/s^2

六、实验数据分析

1. 传感器灵敏度

2. 振动基本参数测量

振动频率 f(Hz)		
$X(t)$振动幅值 mm	实测 x	
	$V/2\pi f$	
	$a/(2\pi f)^2$	
$V(t)$振动速度 m/s	实测 V	
	$X\cdot 2\pi f$	
	$a/2\pi f$	
$a(t)$振动加速度 m/s^2	实测 a	
	$X\cdot(2\pi f)^2$	
	$V\cdot 2\pi f$	

七、思考题